データ活用で災害リスクを減らせ！

稲田 修一 著

OHM
Ohmsha

Index

プロローグ

00

─はじめに

　風水害が激甚化し、その頻度が増えています。日本列島の周辺で硬い板状の岩盤でできているプレートがぶつかり沈み込んでいるので、地震や火山噴火も避けられません。さらには急峻な地形が多いので、地すべりなどの土砂災害の危険性もあります。日本は、災害に正面から向き合い、災害への備えを怠らず、災害のおそれがある場合は安全な場所に避難し、災害後は迅速に復旧するなど、的確な災害対応が求められる国柄なのです。

　その災害対応に大きな影響を与える事象が発生しています。まず、コロナ禍です。感染を防ぐには人々の密集を避けることが必要で、避難所の利用人数が大きく制限されます。もともと避難所に受け入れることが可能な人数は限られていましたが、その不足を解消することが困難な地域が増えており、避難所以外に逃げることができる場所を確保することが望ましい状況が生じています。

　また、災害対応や復旧のために必要な人手が今後減少します。総務省統計局の「人口の推移と将来人口」（2019年時点）によると、2020年に7,406万人いる15歳から64歳までの働く世代の人口は、2035年には6,494万人へと12％以上減少することが予想されています。さらに、経済成長率が低迷する現状を考えると、防災インフラの整備や災害復旧に必要な資金面でも課題が生ずると考えられます。

　一方で、明るい材料もあります。災害対応に大きく貢献する技術革新が起こりつつあります。今後10年くらいの時間軸で考えると、さまざまなデータを活用した災害リスクの評価がさらに進展します。洪水、土砂災害、高潮や津波などのハザードマップの作成・公開が進んでいますし、地盤データの整備も進んでいるので、土地の取り引きや利用にあたって、災害リスクを踏まえて検討することが一般化するでしょう。

　また、技術開発の進展により、新たな可能性が生まれています。例えば、衛星や降雨レーダなどで収集する気象データが、質的、量的にさらに精緻化します。このデータと地形や河川水位などのデータ、土砂災害の危険度を検知するセンサデータなどを組み合わせること、あるいは蓄積された過去の膨大な気象データなどを AI^{注1）} で分析することにより、災害予測がより正確となり、かつ、

安全に避難することが可能なタイミングで避難指示を出すことができるようになるでしょう。

注1）AI：人工知能（Artificial Intelligence）

　避難にあたっても、スマートフォンを活用した避難誘導システムの開発が進められています。また、自動運転のパーソナルビークルなどの実用化により、高齢者や障がい者がより遠くの場所へ、より迅速に避難することが可能になるでしょう。このようなケースにおいても、さまざまなデータが活用されます。さらに災害状況の把握、救援活動などにあたってはドローンが活躍するでしょう。復旧・復興にあたっては、ロボットなどの活躍が期待できます。

　このようなデータ活用の進展で、ソフトウェア的な対策が注目を集めています。災害リスクが可視化されることにより、災害リスクが高い場所には基本的に住まない、住む場合は十分な対策を施す、などの判断が可能になります。正確な災害予測により、事前に安全な場所に避難するという判断を行うことが容易になります。災害の激甚化と経済的な制約から、従来のダムや堤防などのインフラ整備に代表されるハードウェア的な対策に限界が見え始めている中で、これらの対策を実行することで安全を確保できる可能性が高まります。

　しかし、ソフトウェア的な対策については、国や地方自治体、そして専門家などが頑張るだけでは実効性のあるものにはなりません。私たち1人ひとりが災害リスクを認識し、災害時にどう対応するかを自分事として考え、備え、行動することが必要です。

　この本を書いたのは、上述のようにデータを活用し、私たちが災害時に安全なところに避難するという基本的な行動を起こすことができれば、災害対応にパラダイムシフトを起こすことができると考えたからです。パラダイムシフトとは、現在、当然と考えられている認識や考え方が大きく変わることを意味します。電話がスマートフォンに変わり、私たちのコミュニケーションや習慣が大きく変わったように、現在は、あらゆるものがAIなどの情報通信技術の利用で大きく変わろうとしています。災害対応も例外ではありません。そして、この変化を加速し、それを有効に活用することが、コロナ禍や人口減少などの負の要素に打ち勝ち、より的確な災害対応を実現するうえで不可欠です。

もちろん、このパラダイムシフトの実現には、データ活用のさらなる進展も必要です。それは、住んでいる場所の6時間後の浸水高さの予測であったり、自宅の裏山のがけ崩れの可能性提示であったり、あるいは大きな地震の後に建物の安全性をすぐに確認することであったりなど、私たち1人ひとりの要望に個別に応えることができるようにすることです。このパーソナライズされた情報提供によって、私たちの行動変化が促されるのです。

　このような大きな変化がどのようなものかを分かりやすく示すため、次の「01」では、まず2035年の災害対応の姿を描くことにしました。そして、これがどのような方法で実現されるのか、その概要について分かりやすく解説しています。未来の姿を示し、その実現に向けた取り組みを紹介することによって、パラダイムシフトを後押ししたいと考えています。パーソナルコンピュータの父と言われることもあるアメリカの計算機科学者のアラン・ケイ氏は、「未来を予測する最良の方法は、それを創ることである」と述べていますが、まさに望ましい未来の災害対応の姿を示し、人々の共感を得ることで実現に近づけたいのです。

　重ねて述べますが、このパラダイムシフトを現実のものとするには、1人ひとりの力を積み重ねることが必要です。今後、災害に関するさまざまな情報公開が一層進展し、災害が起こる可能性が高い場所、災害が起きた時の被害想定などがより明確になります。しかし、災害リスクの少ない場所に住居やオフィスを構える、災害が起こる前に避難する、などのクリティカルな判断は私たち1人ひとりにかかっています。この判断をタイミング良く、合理的に行うことが極めて重要です。

　パラダイムシフトの必要性を認識する人が1人でも増え、それが実現し、自然災害が起こっても被害が最小限に抑えられる、そのような社会をつくりたいと考えています。

01 2035年 9 月 X 日、超大型台風の襲来

① もし災害が発生したら…をシミュレーションする

（1）天気予報の変化

　2035年9月X日、超大型台風が日本を襲いました。災害が起こる前、伊豆半島に上陸した後、関東地方を通過し、関東甲信越や東北地方を中心に記録的な大雨をもたらすと予報されていました。そして、河川水位の大幅な上昇による越水や堤防の決壊がかなりの確率で起こり、水害が起こり得る状況であると予想されていました。

　昔と違い、台風関連の予報は格段に正確になりました。これに大きく貢献しているものが2つあります。2029年度から運用を開始している気象衛星、そして意外なことに漁船や貨物船などの船舶です。最新の観測機器を搭載した新しい気象衛星の登場により、大気下層の水蒸気量の観測能力が格段に強化されました。また、相当数の船舶が、海面から深さ数百mまでの水温を測ることができる観測機器による海洋観測、あるいはアルゴフロート^{注1)}と呼ばれる観測ロボットの海洋への投入や回収に協力するようになったおかげで、海洋内部の温度分布などのデータがより詳細に把握できるようになりました。

注1）アルゴフロート：海洋を漂いながら海洋の表層と水深2,000mまでの水温・塩
　　分を測定する観測機器。2023年2月19日時点で3,951個のアルゴフロートが観測を
　　行っている。

　海洋に蓄積されている熱エネルギー（海洋貯熱量）は、台風の強さと高い相関関係をもっています。この熱エネルギーが水蒸気という形で供給され、台風は発達します。予報に必要な大気下層の水蒸気量や海洋の熱エネルギー量の推測がより正確なものとなり、海洋と大気の間の相互作用の研究が進展しました。その結果、数値予報モデルの精度が上がり、まだ多少の誤差は残っているものの台風関連の予報がほぼ正確なものに変わりました。

　海洋観測が充実したのは、データに基づく水産資源管理の推進という政府施策がきっかけでした。魚は種類ごとに好む温度が違います。エビデンス（科学的根拠）に基づく管理の実現のために海洋表面や海洋内部の温度などを計測し、

海洋環境をより詳細に把握する必要があるとの判断でした。そしてこの実現に向けて、水産会社や船舶会社の協力を仰ぎました。もともと気象分野ではアルゴ計画^{注2)}があり、国際協力の枠組みによって観測を進めていましたが、新たな目的が加わったことにより予算と協力者が増え、観測データの粒度^{注3)}が上がりました。これが気象予測の精度向上に貢献しました。

注2）アルゴ計画：世界気象機関、ユネスコ政府間海洋学委員会などの国際機関および各国の関係諸機関の協力のもと、全世界の海洋の状況をリアルタイムで監視・把握するシステムを構築する国際科学プロジェクトのこと。日本では、外務省、文部科学省（実施機関：海洋研究開発機構）、水産庁、国土交通省、気象庁、海上保安庁が協力して推進している。

注3）粒度：データの粒度は文字通りデータの細かさを意味し、例えば時間だと年単位のデータ、日単位のデータ、時間単位のデータ、分単位のデータと粒度が細かくなっていく。

　もちろん、気象衛星や船舶以外にも貢献したものがあります。気象レーダなど地上系観測網による観測データの充実や空間分解能の向上、膨大なデータを短時間で処理するスーパーコンピュータや量子コンピュータの発展、そしてAIによる過去の膨大な気象データの分析による数値予報モデルの改善なども予測精度の向上に大きな貢献をしています。しかし、何よりも大気下層の水蒸気量と海洋内部の熱エネルギー量が正確に推測できるようになったことが、台風関連予報の正確化というイノベーションにつながったのです。

（2）地域住民の対応
　Ａ氏の住んでいるＮ市のＰ地区は、大きな河川に合流する支流のそばにあり、水害リスクが高い地区です。ハザードマップで見ると、100年に一度の大雨で３ｍの高さまで浸水すると想定されています。
　「３日後の台風通過にともない大雨が降り、河川氾濫などにより災害のおそれが高いです。台風が来る前に避難してください」と自治体からの避難指示を受け、Ａ氏はただちに水害シミュレーションアプリを立ち上げました。このアプリは降水量の予測に基づき、河川水位の上昇見込み、水害が起こる確率など

を示すとともに、予測される水害の模様をシミュレーション映像で示してくれる優れもののアプリです。

　今回の台風は桁外れに強そうです。予測される降水量は半端ではありません。アプリで見たシミュレーション映像では、近くにある河川の水がバックウォーター現象[注4]で堤防からあふれ、地区全体が2mから3mほどの高さに浸水する危険性が高いことを示していました。広範囲に浸水するので、自宅の上の階に避難する垂直避難では、水の中で孤立する危険性があります。住民全員が安全な離れた場所に避難する水平避難が必要です。自治体も住民の避難を支援するために、万全の体制を整えているとのことでした。

注4）バックウォーター現象：河川や用水路などにおいて、下流側の水位の変化が
　　上流側の水位に影響を及ぼす現象のことをいう。「背水」とも呼ばれる。大雨など
　　で大きな河川の水位が上がると、その河川に流れ込む支流からの水が、大きな河
　　川の流れにせき止められる形となる。これによって支流の水位が急激に上がり、
　　合流地点の上流側の支流の水が堤防からあふれる、あるいは支流の堤防が決壊する、
　　などの状況が発生するケースがある。

　大変なことになる可能性が高いことを理解したA氏は、ただちに地区の街づくり推進協議会のメンバーに連絡し、緊急オンライン会議を開催しました。会議では、自治体と連携し、地区全体であらかじめ決めている地区防災計画に基づき避難行動をとることが確認されました。

　P地区では、万が一の事態に備えて日頃から対策を検討していました。地区防災計画に詳しい大学の先生方や自治体の協力を得て、同協議会のメンバーを中心に地区の住民が集まり、災害リスクの把握、住民へのアンケート調査、地区の実情を知るための見学会やワークショップを開催するなどの活動を積み重ね、地区防災計画の素案を作成して地方自治体に提案していました。このため、同協議会のメンバーがA氏と同じ危機感を共有するのに時間はかかりませんでした。2013年の災害対策基本法改正で、共助による防災活動を促進する地区防災計画制度が創設されて20年以上経ち、日本のかなりの地区において、コミュニティ活動の一環として防災を考える文化が育っているからです。

　P地区は水害リスクが高い地区ですが、堤防などの強化により今までは水害が起こってもせいぜい床下浸水で済んでいました。しかし、自然災害の頻度が

図1　自動運転のパーソナルビークル（イメージ）

高まり、大規模な被害が多くなったことを踏まえ、2020年代初めから災害リスクが高い地域では住宅ローン減税が使えなくなる、火災保険料が大幅に値上がりする、などの変化が起こりました。また、住まいなどの選択にあたり、災害リスクを評価することが一般化しました。

　これらのことにより、災害リスクが高いと評価されるP地区に新たに移り住む人は少なくなりました。しかし、街の中心部に近く、便利な場所なので、昔からの住民がまだかなり残っています。しかも高齢者の比率が高いので、避難の際に支援を必要とする人が結構住んでいます。このことが大きな課題であると認識され、地区防災計画の素案作成にあたっては高齢者の避難についてもきめ細かく検討していました。

　水害が間近に迫り、雨風が吹いている中で避難していた昔と違い、現在は、ゆとりをもって事前避難することがあたり前になっています。しかも自動運転のパーソナルビークル（**図1**）が普及したので、昔に比べると高齢者などでも楽に避難できるようになりました。しかし、まだまだ人の力が必要です。住民に避難の必要性を納得してもらい、実際に避難行動につなげるのは、人と人のコミュニケーションだからです。

　A氏は、他の街づくり推進協議会のメンバーと手分けして地区住民へ説明を行い、シミュレーション映像などの力を借りて納得してもらい、災害前日までに支援が必要な人を含め住民全員の避難を終えました。いつものことではあり

ますが、エネルギーを要する作業です。今回も5名ほど避難を渋る人がいましたが、家族からの説得で重い腰を上げたようです。同協議会では、避難の呼びかけを促すアプリを離れて暮らしている家族に導入してもらっており、これが功を奏したようです。

　地区の住民全員が計画された場所に避難したことをタブレットの画面上で確認したA氏は、すでに避難した家族が待つ高台にある公民館に自らの車で向かいました。周りはすでに暗くなっていました。コロナ禍が起こってから分散避難があたり前になりました。住民は公共施設、知人の家、ホテルなどあちらこちらに分かれて避難しています。しかし、ネットワークでつながっているので、必要に応じていつでも状況を確認したり、連絡したりすることが可能です。支援が必要な事態が発生した時は、支援窓口に申し込めば、AIが支援を必要とする人の状況を踏まえた対応をしてくれます。そしてその情報は、情報共有が必要な関係者で共有できるようになっています。

　台風が来る12時間前の9月X日の朝から、滝のような大雨が降り始めました。予想通り、台風は19時ちょっと前に伊豆半島に上陸。その後、関東地方を縦断し、次の日の未明に福島沖に抜けていきました。総降水量は一番多いところでは1,000mm超、そして関東だけでなく東海、東北の広い範囲で500mmを超えました。ほぼ予想通りの50年に一度と言われるレベルの降水量でした。

　大量の雨が広範囲に、しかも短時間に集中して降ったので、当然のことながら、多くの河川で氾濫や堤防の決壊が発生しました。A氏の住宅がある地区も、近くの河川から水があふれて浸水しました。A氏の家も2m50cmの高さまで水に浸かりました。公民館で降水量や河川の水位上昇などのデータを見ていたA氏は、事前の予想と実際の浸水の状況がさほど違わないことがよく分かりました。シミュレーション映像とほぼ同じような形で浸水したのです。

　2035年の現在は、河川管理者などが取り付けた水位計のデータだけでなく、いろいろなところに取り付けてある4Kカメラの映像を活用し、河川水位を推定できるようになっています。4Kカメラの価格低下とその映像を伝送するモバイルネットワークの発展により、大きな河川だけでなく、部分的ではありますが、小さな河川や用水路などの水位も計測され、膨大なデータが蓄積されています。

このデータを利用し、降水場所と降水量の予測から大きな河川だけでなく、小さな河川や用水路に至るまで水位上昇をある程度予測できるようになりました。そして、浸水の予測もより正確なものになりました。都市部では河川の水位上昇により下水管を通じた河川水の逆流、地区内に降った雨が行き場をなくすことなどによる内水氾濫が起きることがあります。これについても、ある程度予測できるようになっています。もちろん、水害を防ぐ効果があるダムや田んぼの貯水機能の活用についても、高精度に制御できるようになっています。利根川水系ではダムや遊水池などで水を貯留し、下流域での水害を防ぐことができた、とニュース報道が伝えていました。

A氏は家族と一緒に、河川の水が堤防を越える様子や自宅が浸水する様子をタブレットで見ました。河川の近く、そして自宅に取り付けてあるカメラからの映像をモバイル回線経由で簡単に見ることができます。土砂で茶色になった水が自宅に流れ込んできました。避難者の多くが同じように自宅の様子を確認しています。公民館の中で大きなため息が起きました。A氏もヤレヤレという思いです。家具や家財道具、そして取り外した畳は2階に上げているのでギリギリ大丈夫だとは思いますが、水が引いた後の土砂の取り除き作業や清掃作業のことを考えると少し憂鬱です。もちろん、この作業の際には、ロボットが助けてくれるのですが…。

今回の超大型台風の来襲によって河川の氾濫や浸水は各地で起き、家屋の損壊や流出、浸水被害は多数にのぼりました。しかし、幸いなことに浸水被害による死者や重軽傷者は1人も出ませんでした。事前避難が一般的になってからは、大雨で人的被害が出ることは少なくなりました。怖いのは急に発生する土砂災害ですが、これも土砂災害の危険性が高い傾斜地にはセンサの取り付けが進んでおり、土砂崩れなどが事前にある程度予測できるようになっています。今後、センサの取り付けがさらに進むと、土砂災害による人的被害もさらに少なくなるでしょう。

A氏は家族、そして地区住民全員の無事を感謝しましたが、実際に自宅が浸水する様子を見てから少し気持ちが変化していました。今までは、災害にあっても先祖代々から住んでいた地区に住み続けるつもりだったのですが、避難所の公民館で配偶者や子供たちから「安全な場所に引っ越そうよ」という訴えが

あったからです。地区全体で移転計画を立て移転する場合は、自治体が移転の助成金を出す方向で検討中との話も聞きました。災害からの復旧を進めると同時に、移転を視野に入れた新たな検討が必要なことを考えると、街づくり推進協議会での活動は、しばらくの間忙しくなりそうです。

（3）河川事務所の対応

　超大型台風の来襲で大雨が予測される中、利根川水系の治水に責任をもつ国土交通省の河川事務所では緊張が走っていました。利根川の水が堤防を越えて氾濫すると、流域に広がる埼玉県と東京都の低地が広く浸水する可能性があるからです。

　事務所では、AI に気象庁の降水予測データに基づいて、河川水位変化のシミュレーションを行うよう指示しました。その結果、雨水をそのまま河川に流すと、利根川の治水基準点である八斗島地点で氾濫危険水位を30cm 上回る水位となり、氾濫の危険性が高いことが判明しました。AI は、過去の台風時の雨量と河川水位の推移データも示してくれ、人の判断を支援します。氾濫危険水位とは、河川の水位がこの水位を超えると氾濫発生の可能性が高まるとして定められている水位です。

　氾濫の危険性が高いので、事務所では AI に利根川上流のダム群、それから渡良瀬遊水地などの遊水地や調整池を活用し、河川への流入量を抑えるシミュレーションを行うよう指示しました。大雨が降った時に上流から流れ込む大量の水をダムや遊水池に溜めることで、下流の川の増水を抑え氾濫を起こりにくくすることができます。AI は、直ちにシミュレーションの結果を示してくれました。これらを活用することによって雨量が天気予報による予測レベルであれば、治水基準点の水位を氾濫危険水位より50cm 下回る水準にとどめることが可能だと分かりました。何とか洪水被害を最小限に抑えられそうだという手応えをつかむことができました。

　ダムの洪水調整機能を発揮させるには、ダムに溜まっている水を事前に放水し、ダムの貯水容量を空けておくことが必要です。大雨が予想される 5 日前から下流の安全を確保しながら事前放流が始まりました。昔は予想された雨が降らずに空振りになって、しかも使う予定で溜めていた水が放水でなくなり、農

業や発電で使う水が不足したことがあったそうです。現在は予報の精度が上がり、この心配はほとんどなくなっています。このため、ダムの事前放流も余裕があるものとなっています。2020年代までは天気の推移を見ながらの放流だったので、洪水調整を始めるギリギリのタイミングまで事前放流をしていることがあったそうです。現在では、そのような綱渡りの作業はなくなっています。

雨が降り始めるとさらに緊張が高まります。ダムへの流入量がドンドン増え、放水量との差がダムに溜まります。AIが降水量の推移、河川やダムなどの水位など予測しながらダムに水を溜め、下流河川に流す水の量を抑えます。今回は河川上流地域への降水量が事前の予想とほとんど変わらなかったので、降水にともなう河川水位の上昇もギリギリに近い線ではありますが、氾濫危険水位より低く抑えられました。AIによる最新のシミュレーション結果でも、利根川水系の氾濫は何とか回避できそうな見込みです。しかし、斜面の大規模崩落などにより想定外の土砂がダムに流れ込むなど、河川氾濫につながる事態が発生する危険性はまだ残っています。このような事態に備え、河川の水位が十分に低下するまでは緊張が続きますが、河川事務所の所長以下ひとまず胸をなでおろしました。

最近、大量の雨が広範囲に、しかも短時間に集中して降るケースが増えています。利根川水系は継続的な治水対策の効果で、今回も河川が氾濫する事態を何とか防ぐことができそうな状況です。しかし、他の事務所の管轄流域では、ダム群の建設が困難である、遊水地や調整池の整備が進んでいないなどの理由で雨水の貯留が十分にできず、河川が氾濫し、水害が発生したところがあります。利根川水系でも今回の雨量を超える雨が短時間に集中して降った場合は、河川氾濫を防ぐことは困難です。新たな治水対策の必要性を痛感する1日でした。

 2 望ましい未来の姿から対応を考える

❶で描いた2035年における災害対応の姿は、私が考える望ましい未来の姿です。この姿を実現するために必要な対応については、バックキャスティングという手法を使って考えました。この手法では、まず望ましい未来の姿を描き、そこから現在を振り返って（バックキャスティング）その姿を実現するうえで

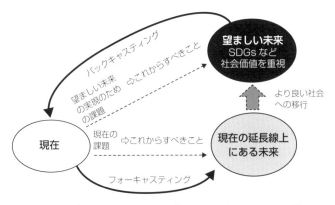

図2　バックキャスティングとフォーキャスティング

の課題を抽出し、「これから何をすべきか」を考えます。達成が困難で時間は
かかりますが、何としても実現したい課題の解決に適している手法です。ちな
みに、この手法は、現在抱えている課題を起点に「これから何をすべきか」を
考えるフォーキャスティングという手法と対のように使われています（**図2**）。
　最近、この手法を取り入れる企業が増加しています。今まではフォーキャス
ティング手法によって、現在から3〜5年レンジの中期計画などを考えていた
のですが、SDGs[注5]やカーボンニュートラル[注6]への対応、あるいはデジタ
ル・トランスフォーメーション[注7]の実現など、10年以上先の不確実な未来を
予測したうえで対応策を示す必要が生じているからです。フォーキャスティン
グ手法では、その課題を解決する技術シーズから未来の姿を考えるという罠に
陥りがちです。現在の延長線上にある未来を描いてしまい、パラダイムシフト
にともなう大きな変革の芽を見過ごしてしまう可能性があります。このリスク
を回避するために、バックキャスティング手法が重宝されています。

注5）SDGs（Sustainable Development Goals、持続可能な開発目標）：2030
　　年までに持続可能で、より良い世界を目指す国際目標。2015年9月の国連サミッ
　　トで加盟国の全会一致で採択された「持続可能な開発のための2030アジェンダ」
　　に記載されている。「貧困をなくそう」、「飢餓をゼロに」、「すべての人に健康と福
　　祉を」など17の目標と、それらを達成するための具体的な169のターゲットで構成
　　される。

注6）カーボンニュートラル：地球温暖化問題の解決に向けて温室効果ガスの排出量と吸収量を均衡させることを意味する。2020年10月、日本政府は2050年までにカーボンニュートラルを目指すことを宣言した。

注7）デジタル・トランスフォーメーション：ビジネス環境の激しい変化に対応するため、企業がデータやデジタル技術を活用して製品やサービス、ビジネスモデルを変革し、競争上の優位性を確立すること。この実現に向けては、仕事のやり方、組織、プロセス、企業文化・風土の変革も必要になる。

バックキャスティング手法を活用する際には、ありたい企業像を提示し、その実現シナリオを考えます。課題として浮かび上がるのは、例えばデータの収集・分析による全体最適、既存のビジネスを保護しその革新をさまたげている慣習や規制、必要な技術開発、大きな変革に挑戦するリスクの軽減策、新たなガバナンスの姿、そして意識改革・行動変容などです。もちろん、利用者にどのような便益を与えることができるのか、前向きに受け止めてもらえるのか、という点も大きな論点になります。利益を追求する企業とは異なり、公的側面が強い災害対策ですが、パラダイムシフトを起こすやり方には参考にすべき点が多々含まれています。

災害対策をフォーキャスティング手法で考えると、どうなるでしょうか。通常はいろいろな分野の専門家を集め、技術の進歩をベースに解決すべき課題とその実現による未来の姿を描きます。例えば、気象の専門家は、現在大きな課題となっている線状降水帯に関する気象予報の精度を向上させるため、数値予報モデルの改善や気象レーダの性能向上という解決策を考えるでしょう。解決策を実現すれば、線状降水帯の予測精度は確かに上がるでしょう。また、河川の専門家は、洪水を防ぐという課題を実現するために、洪水に強い構造の堤防整備や安全性の高い土地利用という解決策を考えるでしょう。より強靭な国土の実現に向けて一歩前進することが可能でしょう。

これに対し、バックキャスティング手法では、望ましい未来の姿をまず描きます。私は「災害による死者や重傷者を1人も出さない」という未来の姿を選択しました。そして、その実現のための課題や解決策を考えました。正解が何か分からない問題ですが、正確な気象予報、災害リスクの可視化と災害発生の事前予測、安全な場所への避難行動の実行などのソフトウェア的な対策の充実、

災害を回避するためのインフラ整備などのハードウェア的な対策の推進など、いくつかの課題が浮かび上がりました。

　このようにバックキャスティング手法では、専門家としての視点をひとまず横に置いて望ましい未来の姿を描くので、人々の共感を呼ぶ姿を描くことが容易です。その代わり、その姿を実現する方策を考える段階で課題解決が難しいことを認識したり、場合によっては課題解決が不可能であることが判明したりします。逆に、今までは不可能と考えていたが、最新の技術を使えば実現できるかもしれない、あるいは専門分野の谷間に落ちていて、まだ誰も挑戦していない課題解決策を考えつくこともあります。このようなプロセスの中で、パラダイムシフトにつながるアイデアや視点を創出する可能性があるので、この手法に挑戦する企業が増えているのだと思います。

　このような手法で災害対策の課題解決策を探ると、どうなるでしょうか。まず、正確な気象予報や災害リスクの可視化、災害発生の事前予測を実現するには、さまざまなデータを収集・分析することが必要です。場合によっては、今まで集めていないデータや今まで以上に詳細なデータを収集・分析することが必要になります。これは時間がかかる課題ですが、総体として徐々に実現されるでしょう。もちろん、現在の科学技術では発生を予測できない地震などの災害があります。これは地球の内部変化のデータを収集し、変化を可視化することが極めて困難であることが一因です。

　インフラ整備は、どうでしょうか。災害を回避するためのインフラ整備は、膨大なコストを要します。このコストを合理的なものとし過大な負担となることを避けるため、インフラ整備の際は、災害のレベルを想定して構築します。現在、問題になっているのは、災害が激甚化し、この想定したレベルを超える自然現象が起こっているからです。また、大規模な土石流や地すべりなどハードウェア的な対策では防げない災害もあります。つまり、データ収集・分析とインフラ整備では、私が考える望ましい未来の姿は実現できない可能性があるのです。

　しかし、これに避難行動の実行を加えると、光明が見えてきます。洪水や土砂災害、津波など、ある程度その発生が予測できそうな場合は、予測精度を向上させ、事前に安全な場所に避難するというソフトウェア的な対策を実行する

ことで、死者や重傷者を1人も出さないという未来の実現は可能です。しかし、これを実行する仕組みを構築することが不可欠です。この実現に向けては、災害の起こる仕組みやそのリスクを理解し、どのような対応をとればそれを避けることができるのかという人の知恵が必要になります。場合によっては、多くの人の知見を集めることも必要になります。それから何よりも、私たち1人ひとりが自分の身は自分で守るという意識をもち、それを実現するために必要な行動が何であるかを理解し、実行することが不可欠です。

　正直に申し上げると、この人の意識や行動を変えることが一番難しいです。データ活用はこの部分に作用し、良い結果をもたらすポテンシャルを有しています。データ活用により、災害リスクを客観的な形で示すことができます。また、被災した姿を、シミュレーションでリアルに示すことができます。リスクの正しい認識は、意識変化につながる大きな要因です。さらに、災害発生の予測精度が向上すると、それは避難行動の必要性の認識と行動につながります。そして、これを一層確実で的確なものとするのは人と人のコミュニケーションです。

　地震など発生を予測できない災害の場合はどうでしょう。この場合は、建物の耐震化や街の防火性を高めるハードウェア的な対策に加え、被災地の住民が助け合って被害者を救出する、的確な避難を実施するなど、的確なソフトウェア的な対策を実行することで死者や重傷者の数を低減することが可能です。これらの実現に向けてリスクを正確に評価・理解し、合理的な対策を効果的に実行するという人の知恵が必要です。そして、私たち1人ひとりが自分の身は自分で守るという意識をもち、それを実現するために必要な行動が何であるかを理解し、時間はかかっても実行することが必要なのは言うまでもありません。その際に、データ活用はその判断を助ける役割を果たします。

　「02」以降では、このような解決策の実現に向け、さまざまな災害を防ぐ仕組みがどうなっているのか、災害リスクの可視化や災害の予測精度を向上させるデータ活用について、どのような挑戦が行われているのか、そしてソフトウェア的な対策を実行可能にするためにどのような仕組みづくりが行われているのかについて、議論を進めます。特に「10」では、自治体や町内会などの取り組み例を含む仕組みづくりについて説明します。具体的な取り組みを考える

うえで、参考にしていただければ幸いです。

【参考文献】

・令和3年版防災白書、防災に関してとった措置の概況、令和3年度の防災に関する計画
・東北大学 大学院理学研究科 地球物理学専攻ホームページ、研究内容、人工衛星を利用した海面水温観測の進展、2016年2月1日
　https://www.gp.tohoku.ac.jp/research/topics/20160201120000.html
・気象庁ホームページ、海洋のデータ一覧
　https://www.data.jma.go.jp/kaiyou/data/db/data_list.html
・気象研究所ホームページ、台風と海水温の関係
　https://www.mri-jma.go.jp/Dep/typ/awada/TyphoonSST.html
・気象庁ホームページ、海洋への熱の蓄積について
　https://www.data.jma.go.jp/gmd/kaiyou/data/db/climate/knowledge/glb_warm/ohc.html
・気象庁ホームページ、アルゴ計画リアルタイムデータベース
　https://ds.data.jma.go.jp/gmd/argo/data/indexJ.html
・海洋研究開発機構ホームページ、研究者コラム、【アルゴ2020】アルゴフロートで世界の海を測って20年
　https://www.jamstec.go.jp/j/pr/topics/column-20210205/
・気候変動による水害研究会（著）・日経コンストラクション（編）、「水害列島日本の挑戦：ウィズコロナの時代の地球温暖化への処方箋」、日経BP社、2020年
・木下祐輔、バックキャストによる戦略策定の方法論〜仮定的未来思考のすすめ〜、三菱UFJリサーチ＆コンサルティング コンサルティングレポート、2022年2月21日
　https://www.murc.jp/report/rc/report/consulting_report/cr_220221/

02

迅速で正確な
気象予報を目指せ

① 年々強まる雨

気象庁の観測データによると、激しい雨の回数が増えています。

例えば、1時間あたりの降水量が50mm以上となる雨の年間発生回数は、**図1**に示す通り、日本全国1,300地点あたりの回数で1976〜1985年の10年間の平均年間発生件数 約226回 が、2013〜2022年までの10年間では約328回と約1.5倍に増えています。約50年程度と比較的短い期間のデータから算出した傾向ではありますが、1976〜2022年の統計期間で見ると10年ごとに28.7回ずつ増加している形になります。1時間あたりの降水量80mm以上ではこの傾向はもっと顕著で、同様の比較をしてみると、約14回から約25回へと約1.8倍に増えています。

大雨が降る日数も増え

[全国アメダス] 1時間降水量50mm以上の年間発生回数

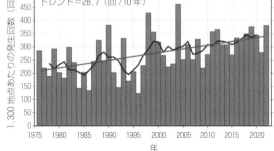

全国の1時間降水量50mm以上の大雨の年間発生回数の経年変化（1976〜2022年）

[全国アメダス] 1時間降水量80mm以上の年間発生回数

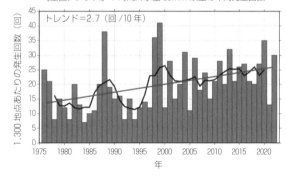

全国の1時間降水量80mm以上の大雨の年間発生回数の経年変化（1976〜2022年）

出典：気象庁ホームページ

棒グラフは各年の年間発生回数を示す（全国のアメダスによる観測値を1,300地点あたりに換算した値）。折れ線は5年移動平均値、直線は長期変化傾向（この期間の平均的な変化傾向）を示す。

図1　短い時間に強い雨が降る回数（年間発生回数）の経年変化

ています。例えば、1日あたりの降水量が200mm以上となる日数は、同様の比較では約160日から約239日へと約1.5倍に増えています。1日あたりの降水量が400mm以上ではこの傾向はもっと顕著です。約6.4日から約12日へと約1.9倍に増えています（**図2**）。

この激しい雨の増加によって、今まで災害が起こらなかった場所で災害が発生したり、あるいは災害が激甚化したりしています。

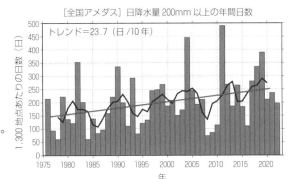

全国の日降水量200mm以上の年間日数の経年変化（1976〜2022年）

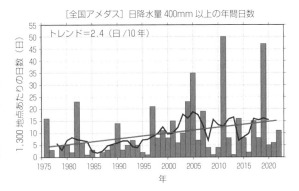

全国の日降水量400mm以上の年間日数の経年変化（1976〜2022年）

出典：気象庁ホームページ

棒グラフは各年の年間日数を示す（全国のアメダスによる観測値を1,300地点あたりに換算した値）。折れ線は5年移動平均値、直線は長期変化傾向（この期間の平均的な変化傾向）を示す。

図2　大雨が降る日数（年間）の経年変化

 気象観測データ

気象予報を出すために、気象庁は気象観測によってさまざまなデータを集め

ています。そして、そのデータを「数値予報モデル」と呼ばれるコンピュータプログラムに入力して計算しています。各種気象観測システムと収集しているデータの概要は、**表1**の通りです。

地上ではアメダスと呼ばれる地域気象観測システムで、降水量、風向・風速、気温、湿度などを観測しています。気象レーダでは、雨や雪の位置や密度（雨や雪の強さ）、風速や風向などを観測しています。2020年3月から導入開始された二重偏波気象ドップラーレーダでは、雲の中の降水粒子の種別（雨・雪・雹）を判別し、降水の強さをより正確に推定することが可能になっています。

高層気象の観測には、気球に吊るしたラジオゾンデを使っています。高層気象観測により、大気の立体的な構造を知ることができます。ラジオゾンデでは、地上から高度約30kmまでの上空の気温、湿度、風向、風速などを1日2回（日本標準時09時、21時）観測しています。上空気象の観測には、電波を使うウィンドプロファイラ・レーダも使われています。このレーダでは、上空の風を高度300mごとに10分間隔で観測しています。観測データを収集することができる高度は、季節や天気などの気象条件によって変わりますが、最大で12km程度上空の風向・風速を観測することができます。

気象観測は宇宙からも行っています。静止気象衛星ひまわりなどを用いた雲などの観測です。気象衛星では広い範囲を観測することが可能で、台風や低気圧、前線といった気象現象を連続して観測するのに使われています。衛星から見える範囲の地球全体の観測を10分ごと、日本周辺と台風などの特定の領域については2.5分ごとに観測することができます。ただし、観測の空間分解能は可視光で0.5〜1km、近赤外光と赤外光で1〜2kmとレーダよりは粗いものです。

台風の強さや中期の気象予報などに影響を与える海面水温の観測も行われています。船舶やブイによる観測、人工衛星からの赤外線やマイクロ波帯の電波による観測などにより、解像度の濃淡はありますが、世界のすべての海域で海面温度の解析結果が1日1回提供されています。気象衛星ひまわりも海面温度の観測を行っており、観測データから算出した海面水温を半日ごとに合成し、水平解像度0.02度で、より詳細な海面水温のデータを提供しています。

これらの観測システムのうち、気象レーダの仕組みをここで解説しておきま

表1　各種気象観測システムと収集している主なデータの概要

気象観測システム	収集しているデータ
地域気象観測システム（アメダス）	全国約1,300か所で地上の降水量を観測し、データを収集している。このうち、約840か所では風向、風速、気温、湿度も観測し、データを収集。雪の多い地方の約330か所では積雪の深さも観測し、データを収集。
気象レーダ観測	マイクロ波帯の電波によって、半径数百 km の広範囲内に存在する雨や雪の強さ、位置、動きを観測し、データを収集（全国20か所）。2020年3月から導入開始された二重偏波気象ドップラーレーダでは、雲の中の降水粒子の種別（雨・雪・雹）を判別する、あるいは降水の強さをより正確に推定することが可能。
ラジオゾンデによる高層気象観測	地上から高度約30kmまでの大気の状態データを収集するため、気温、湿度、風向、風速などを観測するラジオゾンデを気球に吊るして上空に上げている（全国16か所＋昭和基地（南極）、海洋気象観測船）。ラジオゾンデによる高層気象観測は、世界各地で毎日決まった時刻（日本標準時09時・21時）に実施されている。
ウィンドプロファイラ・レーダによる高層気象観測	地上から上空に向けて電波を発射し、上空の風向や風速を高度300m ごとに10分間隔で観測し、データを収集。観測データが得られる高度は、季節や天気などで変わるが、最大で12km 程度までの上空を観測することができる（全国33か所）。
気象衛星による観測	静止気象衛星ひまわりを用いて宇宙から雲などを観測し、データを収集。静止衛星は、赤道上空約35,800km で地球の自転と同じ周期で地球の周りを回っているので、いつも地球上の同じ範囲を宇宙から観測することが可能。台風や低気圧、前線といった気象現象を連続して観測することができる。各国の気象衛星と連携し、地球規模でデータを収集している。
海面水温の観測	船舶やブイによる観測、人工衛星からの赤外線やマイクロ波帯の電波による観測などにより、解像度の濃淡はあるが、世界のすべての海域における海面温度の解析結果が1日1回提供されている。気象衛星ひまわりでも海面温度の観測を行っており、観測データから算出した海面水温を半日ごとに合成し、水平解像度 0.02度で、より詳細な海面水温の解析結果を提供している。

出典：気象庁ホームページを参考に著者作成

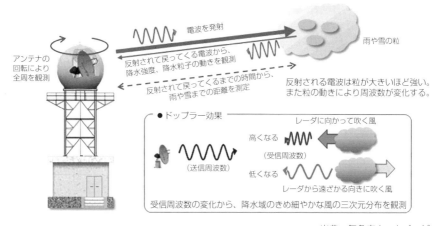

電波を発射

反射されて戻ってくる電波から、
降水強度、降水粒子の動きを観測

反射されて戻ってくるまでの時間から、
雨や雪までの距離を測定

アンテナの
回転により
全周を観測

雨や雪の粒

反射される電波は粒が大きいほど強い。
また粒の動きにより周波数が変化する。

● ドップラー効果

レーダに向かって吹く風

高くなる

（送信周波数）

（受信周波数）

低くなる

レーダから遠ざかる向きに吹く風

受信周波数の変化から、降水域のきめ細やかな風の三次元分布を観測

出典：気象庁ホームページ

図3　気象レーダによる観測の概要

す。気象レーダの性能向上は、現在、気象予報で大きな課題の1つとなっている線状降水帯など、局所的な集中豪雨の観測の精緻化に関係します。

　気象レーダによる観測の概要は、**図3**の通りです。気象レーダのアンテナから電波を発射し、雨や雪などに反射して電波が戻ってくるまでの時間から、雨や雪までの距離を測ります。また、戻ってきた電波の強さから雨や雪の強さを推定します。ドップラー効果にともなう周波数の偏移を観測できるドップラーレーダでは、雨や雪にあたって戻ってくる周波数の偏移を観測し、雨や雪の動きを測ることができます。この動きは風と同じなので、計測している場所の風速や風向を推定することができます。

　レーダの電波は空中を直進します。そのため、電波が進む方向に山などの障害物があるとその裏側には届きません。また、地球は丸いため、気象レーダから遠距離になると電波が上空にしか届かず、低いところの雨や雪を観測できません。このため、山の上や鉄塔の上などの高い場所にレーダを設置し、遠くまで観測できるようにすることが一般的です。

　気象レーダでは、広い範囲の雨や雪の状況を観測していますが、これを一度に観測できるわけではありません。レーダは、アンテナを回転させながら電波を出しています。また、アンテナの仰角を逐次変えながら観測しています。レーダが1回転すると、ある仰角の雨や雪の状況が観測できます。仰角を次々

に変えて観測することで、気象レーダの設置位置を中心とする半球内の雨や雪の状況を三次元的に観測しています。

　気象庁の主力となっている5 GHz帯の気象レーダでは、75～1,000mの距離分解能で、1回の観測時間は120～600秒です。しかし、正確な気象予報の観点から考えると距離分解能をより細かくし、1回の観測時間をより短くすることが必要です。

　距離分解能をより細かくすると、局所的な集中豪雨などをよりきめ細かく観測することが可能になります。1回の観測時間を短くして時間分解能を細かくすると、例えば積乱雲の成長の様子をより詳細に観測することが可能になります。技術の進展により気象レーダの観測精度が上がり、線状降水帯など災害対策上課題となっている気象現象の観測がより細かくできるようになると、それにともなって予報精度が上がる可能性があります。

③ 数値予報モデル

　数値予報モデルは物理学や化学の法則に基づいてつくられており、このモデルで大気や海の流れなどを計算しています。具体的には、図4のように地球大気や海洋・陸地を細かい格子に分割し、さまざまな観測データに基づいて、ある時刻の気温、風、水蒸気量などの気象要素や、海面水温・地面温度などの値

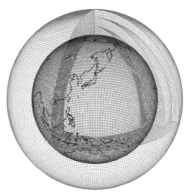

出典：気象庁ホームページ

図4　地球の大気を格子で区切ったイメージ図

をそれぞれの格子に割りあてます。このある時刻の地球大気や海洋・陸地の状態から将来の状態を予測するために、この数値予報モデルを使って計算しています。

数値予報モデルでは、大気の流れ（風）をはじめ、水蒸気が凝結して雨が降ることや、地面が太陽に温められたり冷やされたりすることなど、さまざまな現象が考慮されています。気象データの観測密度を細かくし、この格子間隔を小さくすることは重要です。格子間隔を小さくすると、数値予報モデルの精度向上が期待できるからです。実際、この格子間隔は、昔に比べると随分細かくなりました。例えば、１週間先までの天気予報や台風予報に使用されている全球モデル[注1]の水平格子間隔／鉛直層は、1980年代半ばは280km/12層という粗いものでした。しかし、現在では20km/128層というより細かなものとなっています。この細かくなった格子間隔が、気象予報の正確化に貢献しています。

注１）全球モデル：数日より先の予報に用いられる数値予測モデル。ヨーロッパや低緯度地域の大気の状態も、数日後には日本に影響を与えるので、地球全体をカバーする全球モデルを使って予測している。

しかし、格子間隔は簡単に細かくできるわけではありません。格子間隔を細かくするとコンピュータで計算する量が急速に増えるので、コンピュータの性能による制約を受けます。現在は、膨大な計算量に対応するためスーパーコンピュータを使い、気象予報で用いられている気温や風、降水量などを導き出しています。

数値予報モデルは、**表2**に示す通り、さまざまなものがあります。気象庁では目的に応じてモデルを使い分けています。数時間程度先の大雨などの予想には２km格子の局地モデルを、数時間〜１日先の大雨や暴風などの予報には５km格子のメソモデルとメソアンサンブル予報システムを、１週間先までの天気予報や台風予報には約20km格子の全球モデルと約40km格子の全球アンサンブル予報システムを使用しています。全球アンサンブル予報システムは、２週間先までの予報や１か月先までの予報にも使用されています。さらに、１か月を越える予報には、大気海洋結合モデルを用いた季節アンサンブル予報システムを使用しています。

表 2　主な数値予報モデルの概要

数値予報モデル（略称）	モデルを用いて発表する予報	予報領域と格子間隔	予報期間（メンバー数*¹）	実行回数（初期値の時刻）
局地モデル（LFM：Local Forecast Model）	航空気象情報 防災気象情報 降水短時間予報	日本周辺 2 km	10時間	毎時
メソモデル（MSM：Meso-Scale Model）	防災気象情報 降水短時間予報 航空気象情報 分布予報 時系列予報 府県天気予報	日本周辺 5 km	39時間	1日6回（03、06、09、15、18、21UTC*²）
			78時間	1日2回（00、12UTC）
メソアンサンブル予報システム（MEPS：Meso-scale Ensemble Prediction System）	防災気象情報 航空気象情報 分布予報 時系列予報 府県天気予報	日本周辺 5 km	39時間（21メンバー）	1日4回（00、06、12、18UTC）
全球モデル（GSM：Global Spectral Model）	分布予報 時系列予報 府県天気予報 台風予報 週間天気予報 航空気象情報	地球全体 約13km	5.5日間	1日2回（06、18UTC）
			11日間	1日2回（00、12UTC）
全球アンサンブル予報システム（GEPS：Global Ensemble Prediction System）	台風予報 週間天気予報 早期天候情報 2週間気温予報 1か月予報	地球全体 18日先まで 約27km 18〜34日先まで 約40km	5.5日間*³（51メンバー）	1日2回（06、18UTC）
			11日間（51メンバー）	1日2回（00、12UTC）
			18日間（51メンバー）	1日1回（12UTC）
			34日間（25メンバー）	週2回（12UTC 火・水曜日）

季節アンサンブル予報システム（季節EPS：Ensemble Prediction System）	3か月予報 暖候期予報 寒候期予報 エルニーニョ監視速報	地球全体 大気 約55km 海洋 約25km	7か月 （5メンバー）	1日1回 （00UTC）

＊1 ある時刻に少しずつ異なる初期値を与えるなどして実施した予測の数

＊2 協定世界時（Coordinated Universal Time）のこと。協定世界時より9時間進めた時間が日本標準時となる

＊3 台風が存在する時などに配信する　　　　　　　　　　（注釈は著者追記）

出典：気象庁ホームページ

 気象予報の精度向上を図る

　気象庁は、数値予報モデルの精緻化、解析手法の高度化、観測データの増加・品質改善、そして数値予報の実行基盤となるコンピュータの性能向上など、数値予報の精度向上に熱心に取り組んでいます。2019年度に8回、2020年度に6回、2021年度に9回、2022年度に9回と、頻繁に数値予報モデルなどの改良を重ねています。この努力によって現在では、水平規模が数十kmスケールで数時間降り続く集中豪雨などを予報できるようになっています。

　しかし、線状降水帯のように短時間で急激に発達する積乱雲にともなう局地的な大雨を、時間と場所を特定してピンポイントで予測することはまだ難しい状況です。気象庁は2022年6月から線状降水帯予測を開始しましたが、予測情報を発表したのに実際には線状降水帯が発生しない「空振り」、逆に、予測情報を発表していないのに線状降水帯が発生する「見逃し」が多く発生しています。この予測精度を上げるには、気象現象の広がりが20kmより小さい規模の積乱雲の観測が可能な解像度が高い気象観測の実施、そしてより精緻な数値予報モデルの開発が必要です（**図5**）。

　この改善には、さらなる技術開発や観測機器などの整備が必要です。集中豪雨の予測には、水蒸気の構造や流入量、細かい風の動きを正確に捉える必要があります。このデータの取得が、積乱雲の発生や発達と線状降水帯のより正確

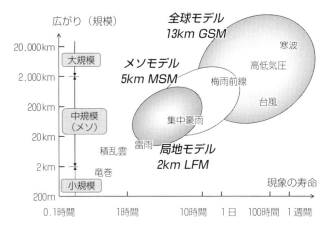

数値予報モデルで予測できる気象現象の広がり（規模）は、格子間隔に依存。格子間隔が約13kmの全球モデルでは、高低気圧や台風、梅雨前線などの規模が100km以上の現象を予測可能。格子間隔が5kmのメソモデルでは、局地的な低気圧や集中豪雨をもたらす積乱雲群など規模が数10km以上の現象を予測可能。格子間隔が2kmの局地モデルでは、規模が10数km程度の現象まで予測可能。しかし、さらに小規模の個々の積乱雲が表現できるほどではない。

出典：気象庁ホームページ

図5　気象庁の数値予報モデルが対象とする気象現象の水平および時間スケール

な予測につながると考えられます。データを取得する方法としては、地上からの観測に関してはマイクロ波放射計[注2]、アメダス更新などによる大気下層の水蒸気観測能力の強化、二重偏波気象レーダによる局地的大雨監視の強化が考えられています。洋上からの水蒸気観測能力の強化も考えられています。気象衛星からの観測に関しては、最新センサの導入などが考えられています。そして、観測したデータを基に解像度が高い数値予報モデルの計算に必要な次世代スーパーコンピュータの整備なども考えられています。

注2）マイクロ波放射計：大気中の気体分子や水蒸気、雲などから放射されるマイクロ波帯の電磁波を受信して、水蒸気量などを計測するセンサ。各物質が放射している電磁波は物質ごとに周波数のパターンが異なる。そのため、各物質の放射の強さを調べることで大気中に存在している量を推定できる。

　二重偏波気象レーダについては、現在、2種類の電波を使うことにより雨粒

の大きさをより正確に観測し、高精度な雨量データの取得につなげる、あるいは雨粒の変化をきめ細かく知るために観測周期を30秒〜1分程度に短縮するものの開発などが進められています。

　一方、気象衛星からの観測については、気象庁が開催している「静止気象衛星に関する懇談会」が、2022年6月に次期気象衛星の整備・運用のあり方に関する提言を出しています。提言では、線状降水帯の予測には大気下層に分布する水蒸気の状況把握が必要であるため、大気の立体的な構造を観測することが可能な最新センサ技術である赤外サウンダ[注3]が有効であるとし、導入の検討を求めています。

注3）赤外サウンダ：周波数の異なる1,000チャネル以上の赤外線放射によって、気温や水蒸気などの大気の鉛直構造を広範囲・高密度に観測可能な機器。欧州が気象衛星に搭載を計画している赤外サウンダは、約1,700チャネルで水平解像度が4kmなので、このレベル以上の赤外サウンダが気象衛星に搭載されれば、数値予報の精度向上、特に線状降水帯や台風の予測精度向上に貢献すると考えられる。

　現在の気象衛星の後釜として、2029年度から次期気象衛星の運用が予定されています。この次期気象衛星に赤外サウンダが搭載され、この観測データを使って、線状降水帯の予測精度を上げるなどの課題が解決されることを期待したいと思います。また、積乱雲のより詳細な観測が可能な、解像度を一層高めた気象レーダの開発促進も必要でしょう。

　このような形で、気象観測システムの高度化は着実に進展し、気象予報の正確化に貢献することが期待できます。コンピュータ性能の向上にともない数値予報モデルの精緻化が可能になり、これも気象予報の正確化に貢献します。また、これらの技術進化とは別に、過去に蓄積された膨大な量の観測データをAIで分析して数値予報モデルを改善するなど、気象観測や気象予報でのAI活用も今後ますます進展することが期待されます。これらの進展により、迅速で正確な気象予報に着実に近づくことが期待されます。

　もちろん、これらの実現には国内関係機関との連携、そして各国の関係機関との協力が不可欠です。精緻な数値予報に不可欠なスーパーコンピュータやシミュレーション技術の発展動向、気象レーダや衛星に搭載するセンサ技術の開

発動向、さらには AI 活用の可能性を踏まえながら、優先順位をつけ、戦略的な観測や技術開発を進めることが求められます。

5 海洋内部の熱エネルギー量

「02」を締めくくるにあたり、「01」で描いた海洋内部の熱エネルギー量（海洋貯熱量）のより正確な推測が台風関連予報の正確化につながるという私の予測について、詳しく説明しましょう。

現在、台風の進路については、かなりの精度で予測できるようになっています。一方、台風の強度予報については、近年、少しずつ精度が向上していますが、進路予報に比べると改善されていません。台風の発達にはさまざまな要因が複雑に関係しており、強度予報は難しい課題です。台風は気象現象における、いわば特異点[注4]となります。気圧変化などが極端に大きな台風を表現するには、他の部分に適用している数値予報モデルでは難しい面があります。また、精度がなかなか向上しないもう1つの原因として、台風の強度を予測するのに必要な観測データがまだ十分ではないことが挙げられます。

注4）特異点：数学、物理学、制御工学などで用いる用語。他の部分で適用可能な一般的な法則が適用できない、あるいは一般的な手順では解を求めることができない点のことをいう。

その1つは海洋内部の熱エネルギー量のデータです。現在、観測の主体となっているのは海面温度です。前述したように、船舶やブイによる観測、人工衛星からの赤外線やマイクロ波帯の電波による観測などにより、世界のすべての海域における海面温度の解析結果が1日1回提供されています。また、気象衛星ひまわりでも海面温度の観測を行っており、より詳細な海面水温の解析結果を半日ごとに提供しています。さらに、海洋内部の温度については、アルゴ計画という「海の天気予報」の確立を目指した国際的な研究計画が進展しています。

研究が進展するとどうなるかは分かりませんが、現時点では、これらのデータから台風の発達・衰弱を含めた強度予報に関係する海洋内部の熱エネルギー

量を、必要な粒度で推定できていないのではないかと考えられます。台風のエネルギー源は海水から蒸発する水蒸気です。海水から蒸発した水蒸気は、暖まった空気とともに上昇します。そして、上空で冷やされて水に変わり雲となります。水蒸気が水になる時に熱を出して周りの大気を暖め、それが上昇気流を強めると同時に海水から蒸発する水蒸気を増やします。この循環によって、台風はエネルギーを蓄えます。台風の強度は、海洋に蓄積されている熱エネルギー量と高い相関関係をもっているのです。

　通常は台風が発達すると、強い風で海洋の水がかき混ぜられます。この時に、海洋の中の冷たい水が表面に上がってきて蒸発する水蒸気が減り、これが台風の成長を制約します。しかし、温暖化の影響で海洋内部の温度が高くなっていると、蒸発する水蒸気が減らず、台風の成長が続きます。このため、海洋内部のより詳細な温度分布データを取得し海洋内部の熱エネルギー量を可視化し、適切なモデルを使って台風の強度との相関を分析することで、台風をエネルギー収支の面からより正確にとらえることが必要だと感じます。もちろん、この精度向上には、大気下層の水蒸気の観測データもあわせて観測することが必要です。

　九州大学理学部ニュースに掲載されている藤原圭太氏らの研究によると、台風のエネルギー源となる水蒸気の供給範囲についても見直しが必要かもしれません。これまでの常識では、台風の直下で蒸発する水蒸気が台風を維持し、発達させると考えられていました。しかし、彼らの最近の研究において、台風の直下というよりは、むしろ遠く離れた海域にある水蒸気が台風へと流れ込み、台風を発達させた事例が発見されたそうです。これが正しいのであれば、台風の周りにある大規模な大気の流れというマクロな要素を考慮して、数値予報モデルを改善する必要があるかもしれません。気象庁はさまざまな知見を取り入れ、台風予報の改善に向けて継続的に取り組んでいるので、その成果を期待したいと思います。

　余談ですが、海水温の変化について、現在、一番敏感なのは漁業関係者かもしれません。海水温の上昇などにより、水産資源や漁業・養殖業に影響が出ているからです。ブリが北海道で豊漁となったり、サワラの分布域が北上したり、南方性エイ類の分布拡大によって西日本で二枚貝や、はえ縄漁獲物の食害の増

加などが報告されています。また、漁場の発見のために、海水温を計測している漁業関係者も存在します。水産資源の適切な管理のために、海洋内部を含め海水温の分布を調査する必要性が高まっています。

【参考文献】

・気象庁ホームページ、大雨や猛暑日など（極端現象）のこれまでの変化
https://www.data.jma.go.jp/cpdinfo/extreme/extreme_p.html
・気象庁ホームページ、気象レーダー
https://www.jma.go.jp/jma/kishou/know/radar/kaisetsu.html
・総務省 情報通信審議会 情報通信技術分科会 陸上無線通信委員会 気象レーダー作業班、第1回資料、気象レーダーの概要、平成29年10月13日
https://www.soumu.go.jp/main_content/000512989.pdf
・気象庁ホームページ、気象衛星観測について
https://www.data.jma.go.jp/sat_info/himawari/satellite.html
・東北大学 大学院理学研究科 地球物理学専攻ホームページ、研究内容、人工衛星を利用した海面水温観測の進展、2016年2月1日
https://www.gp.tohoku.ac.jp/research/topics/20160201120000.html
・気象庁ホームページ、数値予報とは
https://www.jma.go.jp/jma/kishou/know/whitep/1-3-1.html
・第9回サイエンスカフェつくば、これからの気象庁の数値予報、気象庁 情報基盤部 数値予報課 数値予報モデル基盤技術開発室 佐藤芳昭、プレゼン資料、2021年11月6日
https://www.metsoc.jp/default/wp-content/uploads/2021/11/msc_tsukuba9.pdf
・気象庁ホームページ、気象に関する数値予報モデルの種類
https://www.jma.go.jp/jma/kishou/know/whitep/1-3-4.html
・気象庁報道発表、線状降水帯対策のため、ひまわりに赤外サウンダの搭載を〜次期静止気象衛星の整備・運用のあり方に関する提言〜、令和4年6月21日
https://www.jma.go.jp/jma/press/2206/21b/satellite_kondan_chukan20220621.html
・気象庁報道発表、気象観測・予測へのAI技術の活用に向けた共同研究を始めます〜より高精度・高解像度な気象観測・予測を目指して〜、平成31年1月23日
https://www.jma.go.jp/jma/press/1901/23a/20190123_ai.html
・気象庁ホームページ、台風予報の精度検証結果
https://www.data.jma.go.jp/fcd/yoho/typ_kensho/typ_hyoka_top.html
・九州大学理学部ホームページ、九大理学部ニュース、台風を発達・維持させる新たな巨視的メカニズム、2019年7月3日
https://www.sci.kyushu-u.ac.jp/koho/qrinews/qrinews_190703.html

03

洪水被害を減らせ

年々高まる洪水リスク

　雨が降ると、雨水は地表面を流れて河川に流れ込んだり、池や田んぼなど地表に溜まったり、地中に浸み込んだりします。大量の雨が広い範囲に降ると、雨水を集めて海に運ぶ河川の負担が大きくなります。河川が運ぶことができる限度を超えてしまうと、水が河川からあふれて洪水[注1]が起きます。

注1）洪水：河川管理上では、豪雨などで河川の水位が上昇し、流速が速くなることを「洪水」と呼ぶことがある。そして、河川から水があふれ出すことを「氾濫」という。本書では、増水などにより河川の水があふれることを「洪水」という。

　洪水対策としては、まず、河川に流れ込む水をダムや遊水地などに溜めて、河川の負担を軽減しています。そして河底を掘削する、川幅を拡げる、河川をまっすぐにするなどの工事により、河川の水を運ぶ能力を拡大しています。さらに、河川から水があふれないよう堤防を整備しています。堤防の整備水準（堤防の高さなど）は、過去の豪雨での雨量実績などを参考に、ダムや遊水地などによる貯水量などを勘案したうえで決めています。

　この過去の豪雨での雨量実績という前提が、現在成り立たなくなっています。治水対策で想定している水準の豪雨であれば、これらの対策が効果を発揮するのですが、最近のように想定を超える数十年に一度クラスの激しい雨にしばしばみまわれる状況では、治水対策の限度を超えてしまい、洪水が起きる確率が高くなってしまいます。**図1**は、氾濫危険水位を超過した河川数の推移を示しています。2016年から急速に増えていることが分かります。

　豪雨により河川の水位が上昇し、堤防の高さを超えると河川から水があふれ、近くの低地が洪水になります。怖いのは水があふれる時間が長く、あふれる水の量が多いことなどが原因で堤防が決壊することです。堤防が決壊すると河川からあふれる水の量が急に増大し、広範な地域が浸水する可能性が高くなります。特に危険なのは、堤防が一気に決壊することです。破壊力が強い水が怒涛のように流れ込み、かつ、浸水水位も一気に上昇するので、洪水被害が大きくなる可能性が高まります。

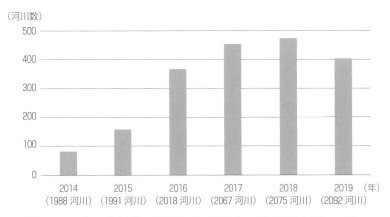

（河川数）

※対象は「洪水予報河川」及び「水位周知河川」。（ ）内は各年の対象河川数を示している。
※国土交通省において、被害状況等のとりまとめを行った災害での河川数を計上。

出典：国土交通省データを参考に著者作成

図1　氾濫危険水位を超過した河川数の推移

　最近、大きな河川に流れ込む中小河川の氾濫や内水氾濫が増えています。大きな河川の水位が大雨の影響で高くなると、中小河川の水が合流できなくなり、バックウォーターと呼ばれる現象が起きます。中小河川の水位が急激に上がり、合流地点の上流側で水があふれる、あるいは堤防が決壊するおそれが高まるのです。想定を超える激しい雨が広域で降るケースが増えているので、今までの想定を見直し、広域で治水対策を検討する必要が高まっています。

　一方、内水氾濫は下水道や排水用の側溝などの排水能力を上回る豪雨が降ること、あるいは下水道などの水を放流している河川の水位が上昇し放流できなくなることが原因で起こる洪水です。多くの都市の下水道は時間雨量50mmの雨水排除を整備目標としており、これを超える豪雨が降った場合は、内水氾濫が起こるおそれが高まります。

 流域治水への転換

　洪水対策の基本は前述の通り、水をダムや遊水地などに溜める、河川の水を運ぶ能力を拡大する、河川から水があふれないよう堤防を強化することです。ダムの建設、堤防のかさ上げなど施設面から治水対策を強化するハードウェア

的な対策です。内水氾濫の対策についても、広場、公園・緑地、運動場などを谷や凹地などに設けて雨水を貯留する方法のほか、下水道に雨水を貯留する施設を整備する、ポンプ場を整備して排水能力を強化するなどのハードウェア的な対策がとられています。これらのハードウェア的な対策の強化は引き続き実施されていますが、これに加え最近注目を集めているのは、ソフトウェア的な対策です。

　洪水が起こっても、その場所で人の営みや活動が顕著でなければ洪水被害は軽いものにとどまります。最大の洪水対策は、洪水の危険性が高い場所に住まないこと、活発な活動拠点を設けないことです。これは私たちの知恵と知見を使うことで実現可能です。新規に住宅地を開発する、あるいは公共施設を設置する場合は、まずは洪水の危険性が高い場所は厳に避けるべきです。やむを得ず設置する場合は、洪水に強い構造の建物とし、１階はオープンな空間にするなどの工夫をすべきです。社会全体として、洪水があっても被害を受けにくい土地利用や建物の強靭化を推進していくべきなのです。

　低成長が続く日本では、これまでと同じレベルでダムや堤防などに投資することが難しくなるおそれがあります。したがって、発想を切り替え、江戸時代のように遊水地などを活用する、河川の河床掘削による排水量を増やす、ため池や水田の活用による雨水の貯留など、より低レベルの投資で可能な治水対策も視野に入れるべきです。遊水地などの活用に関しては、関係する地域が広域になることが多いので利害調整は大変ですが、これも人の知恵と知見で実現可能です。

　さらには、既存のハードウェアを最適に運用することも推進すべきです。洪水の危険がある場合には、ダムや遊水地の水を事前に放流し、貯水できる量を増やすこと、下水道の排水ポンプの最適運用を実現することなどが考えられます。これも気象予報などさまざまな事象の予測がより正確になる中で、期待されるソフトウェア的な対策です。

　すでに、国はこのようなハードウェア的な対策とソフトウェア的な対策を一体的、かつ、総合的に進める流域治水を推進する方向に舵をきっています。具体的には、2021年に「特定都市河川浸水被害対策法等の一部を改正する法律」（通称「流域治水関連法」）が成立・公布・施行されています。流域治水関連法

では、特定都市河川浸水被害対策法に加え、河川法、下水道法、水防法など9つの法律が改正され、流域治水を進めるための法的枠組みを構築しています。

　流域治水関連法では、国や流域自治体、企業・住民などの関係者が協働して取り組むことで流域治水の実効性を高めることを狙っており、具体的には次のような施策を推進することとしています。

（1）流域治水の計画・体制の強化

- ・流域治水の計画を活用する河川の拡大
- ・流域水害対策に係る協議会の創設と計画の充実（国、都道府県、市町村等の関係者が協議会で一堂に会し、雨水貯留浸透対策の強化、浸水エリアの土地利用等を協議。協議結果を流域水害対策計画に位置付け、さまざまな主体が流域水害対策を確実に実施）

（2）氾濫をできるだけ防ぐための対策

- ・利水ダム等の事前放流に係る協議会の創設
- ・下水道で浸水被害を防ぐべき目標降雨を計画に位置付け、整備を加速
- ・下水道の樋門等の操作ルールの策定を義務付け
- ・沿川の保水・遊水機能を有する土地を確保する制度の創設
- ・雨水の貯留浸透機能を有する都市部の緑地の保全
- ・認定制度や補助等による自治体・民間の雨水貯留浸透施設の整備支援等

（3）被害対象を減少させるための対策

- ・住宅や要配慮者施設等の浸水被害に対する安全性を事前確認する制度の創設（浸水被害の危険が著しく高いエリアにおける開発・建築行為を許可制にして、安全性を確保）
- ・防災集団移転促進事業のエリア要件の拡充（浸水被害防止区域のほか、地すべり防止区域、急傾斜地崩壊危険区域、土砂災害特別警戒区域をエリア要件に追加し、危険なエリアから安全なエリアへの移転を促進）
- ・災害時の避難先となる拠点の整備推進

・地区単位の浸水対策の推進

　　　等

（4）被害の軽減、早期復旧、復興のための対策
　・洪水対応ハザードマップの作成を中小河川に拡大
　・要配慮者利用施設の避難計画に対する市町村の助言・勧告制度の創設
　・国土交通大臣による災害時の権限代行の対象拡大

　　　等

　この流域治水関連法の内容を詳しく見ていると、国の危機意識が伝わってきます。洪水被害を防ぐためのハードウェア的な対策が、年々激しくなる降雨に追いついていないからです。雨が想定限度を超えて降ると被害が発生する可能性が高くなり、限度を超える程度が大きくなると被害が急増します。特に、堤防が決壊し、川の水が一気に川の外に流れ出ると大変に危険です。家屋を破壊したり、建物の中にいたり避難中の人の逃げ場がなくなったりすることで被害が発生します。今までの雨では大丈夫であった場所でも、これからの雨では大丈夫ではない可能性があります。

　このため、大雨時に特に危険となるおそれが高い区域については、浸水被害防止区域に指定し開発行為や建築行為に制限を設けるだけでなく、当該区域からの移転やリスクを低減するための勧告を行い、移転費用を補助することで移転を促進することができるようにしています。

　流域治水の基本的な考え方は、皆で知恵を出し合い、さまざまな対策を組み合わせることで水害リスクを抑えることです。この実現のためには、企業や住民を含めた流域治水の関係者が国や地方自治体に頼るだけではなく、土地利用、警戒避難体制の充実、防災計画の策定、的確な避難などについて知恵を絞り、必要な行動を起こすというソフトウェア的な対策を実施することが不可欠です。

③ 田んぼダム

　流域治水対策の一環として、水田の貯留機能を活用する、いわゆる「田んぼ

ダム」が注目を集めています。水田は水を張るようにつくられているため、ダムのように雨水を貯留することができます。その貯留機能を人為的に高めた水田を田んぼダムと呼んでいます。水田の排水口に水の流出量を抑制するための堰板や、小さな穴の開いた流出調整板などの器具を設置するだけで水田に降った雨が水田に貯留され、ゆっくりと排水されるため、水路や河川の水位上昇の抑制効果をもちます（**図2**）。シミュレーションによって、各地で排水路や河川からの浸水量や浸水面積を軽減する効果につながることが分かっています。

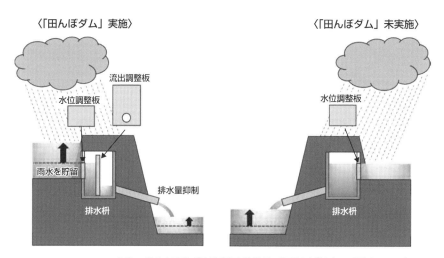

出典：農林水産省 農村振興局 整備部、「田んぼダム」の手引き、2022年4月

図2 「田んぼダム」を実施している水田の排水イメージ

この田んぼダムは、2002年に新潟県の旧神林村（現在の村上市）で下流域の集落から上流域の集落に呼びかけたことがきっかけで始まり、現在は各地で取り組みが実施されています。ちなみに、新潟県では田んぼダムの面積は、18市町村で14,832ヘクタールに広がっています（2021年度）。田んぼダムの実施による水稲の品質や収量への影響については各地で実証が行われていますが、収量・品質への明らかな影響は確認されていません。現在、全国に109ある一級水系で、「流域治水プロジェクト」が推進されていますが、このうち55の水系で田んぼダムが推進されることになっています。

ダムなどの施設整備には、多大な費用と時間がかかります。一方、水田の貯

留機能の活用は安価で迅速に実施できることがポイントです。水田に10cmの高さで水を溜めることができると、1haの水田で1,000m³の雨水を一時的に貯留できます。仮に1,000haの水田が田んぼダムになると、100万m³の水を貯留することができます。数千万m³の水を溜めることができる本格的なダムより貯留量は少ないものの、東京都の渋谷駅地下に建設された巨大雨水貯留施設の容量がおよそ4,000m³なので、それに比べるとはるかに多くの水を溜めることができます。

　近年、水管理の労力低減などを目的として、情報通信技術を活用した自動給水栓や自動排水栓を活用した「スマート田んぼダム」も登場しています。遠隔操作により、降雨前の事前排水、降雨中の貯留・流出抑制、降雨後の排水を行うことで雨水貯留能力が向上します。何よりも、雨の中を出かけて流出調整板などの器具を設置する手間が省けます。また、水位変化のデータを蓄積することにより、水位変化や貯水量を可視化することができますし、地域一体となった一斉操作により田んぼダムの効果を大きくすることが可能です。

　田んぼダムの貯留機能の活用は、今後、流域治水対策の一環として一層の進展が期待されます。また、流域治水の制御の精密化のために、他の情報システムと連携して機能することも期待されます。

 ## 洪水リスクの可視化

　洪水による人的被害を避けるには、洪水リスクを可視化し、地域住民を含む関係者に提供することが重要です。この情報は、国土交通省が運営する「ハザードマップポータルサイト」（https://disaportal.gsi.go.jp）などで調べることができます。このサイトでは、洪水、土砂災害、高潮、津波など身の周りの災害リスクを地図上に重ね合わせて表示します。最近の豪雨による洪水で発生した浸水区域が、ハザードマップで想定されていた浸水区域とほとんど一致していた例があります。住宅建築など新たな土地利用を進める際には、浸水リスクが高い地区は避けた方が賢明です。

　ハザードマップの作成にあたり、洪水浸水想定区域については、「想定し得る最大規模の降雨により河川において氾濫した場合に浸水が想定される区域」、

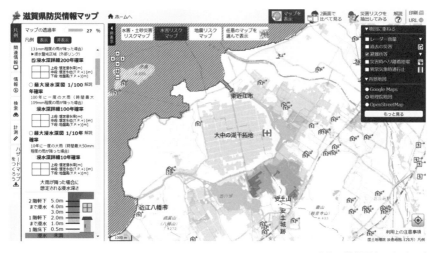

図3　滋賀県防災情報マップ

内水浸水想定区域については、「想定し得る最大規模の降雨により下水道において氾濫が発生した場合に浸水が想定される区域」となっていますが、この「想定し得る最大規模の降雨」をどう考えるかが難しいところです。洪水浸水想定区域などの情報は随時追加・更新されているようなので、今後の発展に期待したいと思います。

　地方自治体の中には、独自の分析、予測を行い、大雨による浸水の深さを公表しているところもあります。例えば、滋賀県防災情報マップでは、10年に一度の大雨（時間最大50mm 程度の雨が降った場合）、100年に一度の大雨（時間最大109mm 程度の雨が降った場合）、200年に一度の大雨（時間最大131mm 程度の雨が降った場合）の3つのケースで、想定される浸水の深さを示しています。地域によって予想される大雨の量は異なるので、このようなきめ細かな分析、予測を公表することは意味があります。しかも、公表資料の中で予測の前提条件を明記している点も、使う立場ではありがたいところです。

　図3は200年に一度の大雨の際に、琵琶湖湖畔にある東近江市、近江八幡市周辺が、河川や水路からあふれる水でどれくらいの深さまで浸水するかを示しています。これによると、安土城跡のある安土山の周辺で3mから5mの深さ

に浸水すること、大中の湖干拓地で1mから2mの深さに浸水することなどが分かります。また、レーダ雨量、避難場所、過去の災害なども同じ地図上に表示できるようになっています。

　このハザードマップの作成に関しては、専門知識やデータ活用能力をベースに作成を支援するサービスを提供している企業などがあります。これらの企業などでは、

- ・気象庁や民間の気象情報会社が提供する気象データ
- ・自治体から提供を受ける堤防や河川のデータ（堤防の位置、高さ、川幅など）、建物データ
- ・地形データ
- ・国土交通省が公開している河川の水位データなど
- ・過去の洪水被害データ

などを基に、河川の水位上昇による河川氾濫の予測、大量の雨水の流入で下水道の処理能力が超過することによって発生する内水氾濫の予測などを行い、地域ごとにハザードマップを作成しています。

 河川情報の提供

　洪水による人命被害を避けるため、地域住民を含む関係者に河川水位などの河川に関する情報を提供することは重要です。この情報については、国土交通省の「川の防災情報」（https://www.river.go.jp/index）で調べることができます。川の水位の状況や今後の見込みなどを伝える「洪水予報等」、ダムの放流に関するお知らせを伝える「ダム放流通知」、全国の観測所の水位や画像、ダムの状況を表示する「観測所等の地図情報」、河川の状況を撮影した「ライブカメラ画像」など、河川水位に関係するさまざまな情報のポータルサイトとなっています。過去の観測雨量、水位、水害のランキングなどを表示する「水文（すい）水質（もん）データベース」もあり、充実した情報サイトとなっています。

　同ホームページには、「水害リスクライン」情報のページがあります。国土交通省が管理しているすべての水系の洪水の危険度情報を、河川の上流から下流まで連続した形で提供しています。かつては観測所の水位のみの公開でした

が、最近は概ね200m ごとの水位の計算結果と河川の両岸にある、それぞれの堤防高を比較し、「越水・溢水の恐れあり」、「危険水位超過」、「避難判断水位超過」、「はん濫注意水位超過」、「上記に達していない」とレベル分けする形で洪水の危険度情報を提供しています。

　しかし、国土交通省が管理しているのは主に大きな河川です。ほとんどの中小河川では水位計がなく、観測体制に抜けがありました。また、大きな河川でも氾濫の危険性が相対的に高い箇所、決壊すると重要施設が浸水する可能性の高い箇所、河川の合流部などに既設水位計を設置して観測すると、コストが膨大になるという課題がありました。このため、国土交通省はオープンイノベーション型のプロジェクトを実施し、従来の水位計に比べて100分の1から10分の1と大幅に低コスト化した危機管理型水位計を開発し、2018年度からこの普及を図っています。この水位計については、2022年1月末現在で7,670か所のデータを閲覧することが可能です。

　このような水位計のさらなる普及、そして現在、技術開発が行われているカメラを活用した水位データ計測の実用化などによって、洪水の危険性のあるすべての河川の水位観測が実現することを期待したいと思います。

6　洪水発生の予測

　洪水浸水想定区域を示すハザードマップは、洪水リスクの高い地区を認識するうえで貴重な情報です。しかし、洪水被害を軽減するには、豪雨などの際に実際に洪水が起こるのかどうか、起こるとするといつ起こるのかをできる限り正確に予測することが必要です。この基本となるのは、河川水位の予測です。

　これについては、国土交通省の河川事務所と気象台が共同で、国管理の洪水予報河川の水位の現況や水位の見通しを洪水予報として発表しています。2021年6月から、従来の3時間先までの見通しを6時間先までに拡大しています。洪水予報河川とは、流域面積が大きな河川で、洪水が起こると国民経済上重大な損害を生ずるおそれがある河川のことで、この発表の対象となるのは、現時点では300程度の河川に限られています。

　洪水の予測に関しては、ハザードマップの情報に加え、降雨量の推移、河川

水位の推移、現場からの報告や監視カメラの映像、関連機関の助言などさまざまな要素を加味する必要があります。さらに予測だけでは十分ではありません。一番重要なのは、人命にかかわる危険がある時は、的確に避難することです。このため、自治体は避難指示などを出して住民が命を守る行動を起こすよう促すこととなっています。

　しかし、近年の豪雨では極めて速い速度で河川の水位が上昇し、氾濫に至る場合があり、従来の経験則を基本とする人頼みの判断には限界があります。この限界をカバーするために開発が進められているのが、AI を活用した洪水被害の予測システムです。

　随時得られる気象データや河川などの水位データと河川のデータ（堤防の位置、高さ、川幅など）、建物データ、地形データ、過去の洪水被害データなどをベースに、豪雨が発生した際に「いつ・どこで・どのように」河川の氾濫や浸水が進行するかの予測を災害の数日前から行い、実際の気象データや河川水位などの変化を織り込んで予測を修正していきます。これによって、避難指示を出すタイミングや対象地区などの決定に必要な支援を、迅速かつ正確に行うことができるようになると期待されています。

　豪雨によって発生する都市部の浸水についても、早稲田大学などによりリアルタイム予測システムが開発されており、2022年9月より一般公開されています。都市の浸水を街区レベルで予測し、約20分先までにどのような状況になるのかを動画でお知らせするものです。このシステムでは、予測に必要な道路・下水道・河川などの都市インフラや土地利用状況などの関連情報を収集し、コンピュータ空間上で都市の水がどのように流れていくのかを再現し、実際に降った雨の量と30分後までの雨量の予測データから「浸水の状況」を予測します。浸水の状況が事前に分かれば、高い階への避難や地下街への浸水を防止する事前対策などに活かすことが可能になります。現時点では東京都23区全域のみが対象ですが、開発者は今後これをさらに拡大することを検討しています。

　洪水や浸水被害の予測をできる限り早く、正確に行うことができるようになれば、事前の対策や避難によって、被害を軽減することが可能になります。これを実現する鍵となるのは迅速に、そして正確に豪雨を予測することです。

7 洪水発生予測の早期化と精度向上に挑む

　センサやカメラの発展で、多くの地点からたくさんの水位データを収集することができるようになっています。危機管理型水位計など河川の水位を計測する安価なセンサの開発・利用が進み、水位変化のデータを自動的に収集し、クラウド上に蓄積しています。また、手軽に設置できる高解像度のカメラで、河川などの映像情報をモバイル通信経由で昼夜間を問わずリアルタイムに収集し、状況を把握することも可能です。

　河川水位の予測は、予測雨量や観測雨量とこれらの河川水位のデータを使って行っています。基本的には、過去の雨量や河川水位のデータと気象関連機関が配信する数時間先の気象データ（降雨予測）から河川流域の降水が、どのくらい河川に流れ込むかをモデル化し、河川水位を予測しています。このモデルの最適化にAIが使われるケースもあります。今までは数時間先の予測ができるレベルでしたが、モデルの改善やデータの蓄積によって24時間以上先までの予測が可能になると期待されています。また、中小河川を含む多くの河川でデータの蓄積が進めば、河川水位の予測が可能な河川数が今後大幅に増えると考えられます。

　図4に示す富士通（株）（本社：東京都港区）のAIを活用した河川水位の予測では、流域における雨水の河川への流出量を推測する流出関数法という水文学の知見を使っています。この関数による河川への流失量をより正確に予測するため、過去の雨量や水位データをAIに学習させ、水位予測モデルを構築します（図4の上図）。そして、このモデルを活用し、水位を予測したい地点における直近の雨量や水位データを使い、モデルのパラメータを自動的に最適化して予測しています（図4の下図）。この手法の特徴は、雨量や水位データなどの蓄積が十分ではない中小規模の河川や、水位計が新規に設置された場所でも河川水位の予測ができることです。

　この予測モデルでは、予測対象河川の現在の水位、その雨量データ、気象庁の1kmメッシュごとの予報雨量を水位の予測を行いたい地点の予測雨量に変換したものをベースに、現時点では、10分ごとに6時間先までの予測水位を随

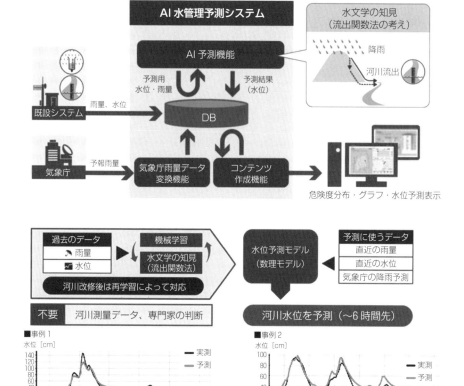

出典：富士通（株）ホームページ

図4　AI水管理予測システムの概要

時算出することができます。

　このような予測モデルによる河川水位の予測を活用することで、避難指示を出すタイミングや対象地区などの意思決定を迅速化・正確化することができると期待されています。この予測や意思決定にあたり、データが蓄積されるとより正確な予測が可能となり、AIの出番が増えるでしょう。

8 洪水シミュレーション

　洪水被害を少なくするためには、河川水位を予測し洪水の危険性を予測するだけでは不十分です。実際に被害を軽減するには、建物を強固なものにすることや人命に危険がある場合には事前に避難することが必要です。これに貢献すると考えられるのは、洪水シミュレーションです。リアルなシミュレーションによって、人はリスクを実感することができるからです。

　このシミュレーションには、電子地図や電子化された住宅地図が使われています。電子地図には土地の高低情報が入っています。(株)日立パワーソリューションズ（茨城本社：茨城県日立市、東京本社：東京都千代田区）のリアルタイム洪水シミュレータ「DioVISTA/Flood」では、堤防が決壊する場所と流出する水量を設定すると、街の中への浸水の広がりをシミュレーションするこ

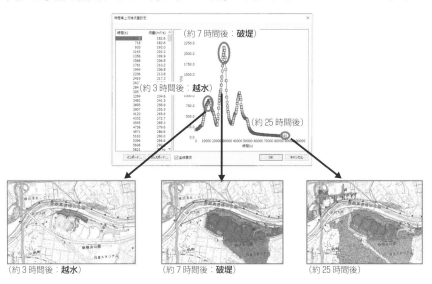

（約3時間後：越水）　　　　（約7時間後：破堤）　　　　（約25時間後）

出典：(株) 日立パワーソリューションズ

堤防が決壊する場所と時間ごとに流出する水量を設定すると（上の図）、浸水の広がりを時間ごとにシミュレーションすることができる（下の3つの図）。

図5　リアルタイム洪水シミュレータ「DioVISTA/Flood」による洪水シミュレーション

とができます（**図5**）。シミュレーション結果を住宅地図と重ねて表示することで、床上、床下浸水する家屋の数、避難路の浸水状況などを推定することができるようになり、より的確で安心できる避難・救護計画を立てることなどに役立てることができます。

　都市部では、国土交通省が「PLATEAU（プラトー）」と呼ばれる三次元の都市モデルを開発し、オープンデータとして提供しています。これを使い、浸水の危険性をさらにビジュアルに分かりやすく伝えることも可能となっています。このような洪水をシミュレーションするソフトウェアは、電子化された地図のオープン化の流れの中で、次第に手軽に利用できるようになるだろうと予想しています。

 未来の洪水被害防止

　「01」で、2035年の洪水被害に対する地域住民の対応と河川事務所の対応について、記述しました。洪水発生については、今後、予測の早期化と精度向上がさらに進展すると見込まれます。また、河川の流域全体の状況を把握し、AIの助けを借りながら雨水を制御する仕組みが構築され、その制御の精緻化も進むだろうと考えています。この結果、洪水による死者や重傷者を1人も出さないためのお膳立ては可能になりそうです。

　しかし、被害に遭う危険性がある住民が避難しないと、このお膳立ては無駄になります。この避難については、「08」で議論します。また、予測の早期化と精度向上には、以下のように関係者の不断の努力が不可欠です。

　洪水発生予測の早期化と精度向上にまず必要なのは、降雨予測精度の向上です。特に、局地的な豪雨や集中豪雨の原因となる積乱雲の発生を早期に高い精度で予測する必要があります。このベースとなるのは、「02」で述べたように、観測を高分解能（どこにどれだけの雨が降っているかをきめ細かく観測すること）で、より頻度高く行い、そのデータを蓄積することです。また、数値予報モデルの精緻化も必要です。このため、気象衛星に搭載する赤外サウンダなどの観測機器の性能向上、より解像度が高い気象レーダの開発と日本全国への配置などが期待されます。

また、河川の流域全体にわたり水位観測を強化し、流域全体でのデータ収集・蓄積を進めることも必要です。この実現のためには、現在、観測体制が十分ではない大きな河川に流れ込む中小河川などの観測体制を強化しなければなりません。さらには内水氾濫の状況をより詳細に知るために、都市部の浸水状況の観測体制を強化する必要があります。膨大な数のセンサやカメラを設置し、観測し、河川や下水道などの水系全体の観測データを蓄積し、これを AI などで分析し、活用する必要があります。

　降雨予測の精度が向上し、流域全体の状況をリアルタイムに把握できるようになると、蓄積された過去データを含め関連データを総合的に分析することで、洪水発生や浸水被害の可能性をより早期に、かつ、精度高く予測することが可能になります。また、ダム群や遊水池などの貯留設備の能力と組み合わせて分析することで、洪水発生の防止可能性についてもより早期に、精度高く予測することが可能になります。

　このようなデータは洪水発生や浸水の予測だけでなく、洪水被害の防止や軽減のための施策にも活用することができます。洪水被害を軽減するために土地利用を変更したり、ダムや遊水地の整備などのハードウェア的対策を過不足なく強化したり、内水氾濫を防ぐ下水道施設の最適運用などのソフトウェア的対策を強化することが可能になります。時間はかかりますが、データによるエビデンス（科学的根拠）をベースに最適な対策を割り出し、着実に進めることが必要です。

【参考文献】

・気候変動による水害研究会（著）・日経コンストラクション（編）、「水害列島日本の挑戦 : ウィズコロナの時代の地球温暖化への処方箋」、日経 BP 社、2020年
・国土交通省、気候変動の影響について、第 1 回気候変動を踏まえた水災害対策検討小委員会、配布資料、令和元年11月22日
　https://www.mlit.go.jp/river/shinngikai_blog/shaseishin/kasenbunkakai/shouiinkai/kikouhendou_suigai/ 1 /pdf/09_kikouhendounoeikyou.pdf
・国土交通省 水管理・国土保全局、水防災意識社会 再構築ビジョン、平成27年12月11日
　https://www.mlit.go.jp/river/mizubousaivision/pdf/vision.pdf
・国土交通省ホームページ、流域治水関連法
　https://www.mlit.go.jp/river/kasen/ryuiki_hoan/index.html
・農林水産省 農村振興局 整備部、「田んぼダム」の手引き、令和 4 年 4 月
　https://www.maff.go.jp/j/nousin/mizu/kurasi_agwater/attach/pdf/ryuuiki_

tisui-67.pdf

・農研機構プレスリリース、（研究成果）豪雨時の洪水被害軽減に貢献する水田の利活用法、2020年8月5日
https://www.naro.go.jp/publicity_report/press/laboratory/nire/136187.html

・国土交通省、ハザードマップポータルサイト
https://disaportal.gsi.go.jp

・滋賀県防災情報マップ
https://shiga-bousai.jp/dmap/top/index

・国土交通省 水管理・国土保全局 河川環境課 水防企画室、水害ハザードマップ作成の手引き、平成28年4月（令和3年12月一部改定）
https://www.mlit.go.jp/river/basic_info/jigyo_keikaku/saigai/tisiki/hazardmap/suigai_hazardmap_tebiki_202112.pdf

・国土交通省、川の防災情報
https://www.river.go.jp/index

・河川情報センター、令和2年度 事業計画（概要版）
http://www.river.or.jp/R02gaiyo.pdf

・河川情報センター、令和4年度 事業計画（概要版）
http://www.river.or.jp/R04gaiyo_1.pdf

・国土交通省 水管理・国土保全局 河川計画課 河川情報企画室長 平山大輔、国土交通省の河川情報施策、河川情報センター、第26回河川情報取扱技術研修講義資料、2020年10月15日
http://www.river.or.jp/ken2/2020/kougi2020_3_report.pdf

・国土交通省 水管理・国土保全局 河川環境課 河川保全企画室 髙橋亮丞、洪水時における長時間先の水位予測情報の提供について、令和3年度 広報誌「ぼうさい」、第101号
https://www.bousai.go.jp/kohou/kouhoubousai/r03/101/news_05.html

・データ統合・解析システムDIAS（Data Integration and Analysis System）ホームページ、S-uiPSによるリアルタイム浸水予測システム
https://diasjp.net/service/s-uips/

・早稲田大学ニュース、リアルタイム浸水予測システム（S-uiPS）2022年9月一般公開、掲載日：2022年9月6日
https://www.waseda.jp/top/news/83042

・富士通ホームページ、AI水管理予測システム
https://www.fujitsu.com/jp/products/network/managed-services-network/resilience/river-prediction-ai/

・日立パワーソリューションズホームページ、リアルタイム洪水シミュレータ「DioVISTA/Flood」
https://www.hitachi-power-solutions.com/service/digital/diovista/flood/index.html

・ニュースな科学「河川の氾濫、1日以上前に警報」、日本経済新聞、2022年1月10日付け（朝刊19面）

04

土砂災害被害を減らせ

年々高まる土砂災害リスク

　激しい雨が降る回数の増加にともない、土砂災害の発生件数が増えています。**図1**は件数の推移をグラフ化したものです。1991から2020年までの10年ごとの平均件数は、それぞれ960件、1,058件、1,492件と増加傾向にあります。特に、2011〜2020年の10年間は急激に増加しています。

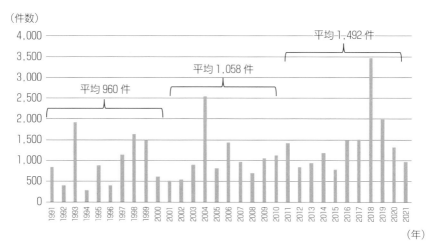

出典：国土交通白書 2020および国土交通省報道発表資料「令和3年の土砂災害発生件数は972件」
（令和4年3月18日）を基に著者作成

図1　土砂災害発生件数の推移

　土砂災害は、大雨や地震などの影響で斜面を構成する岩石や土砂が不安定な状態になり、重力によって下方に移動することで起きます。この移動は、さらに「土石流」、「がけ崩れ」、「地すべり」の大きく3つに分類できます（**表1**）。

　土石流やがけ崩れなどに起因する河川のせき止めとその決壊によって、二次災害が発生するケースもあります。例えば、1847年の善光寺地震（M7.4）では、山崩れにより犀川がせき止められて湖ができ、周辺地域が水没してしまいました。その後、湖の縁が決壊して洪水が発生し、下流域に甚大な被害を与えました。

表1　主な土砂災害の形態と被害の特徴

土砂災害の種類	災害の形態	被害の特徴
土石流	斜面や川床の土砂が長雨や集中豪雨などによって水と一体となり、一気に下流へ押し流される現象。	20〜40km/h という速度で土砂が流れ、一瞬のうちに人家や畑などを壊滅させる。突発的に発生するため、いつどこで発生するのか予測が難しい。
がけ崩れ	雨や地震などの影響で土の抵抗力が弱まり、急激に斜面が崩れ落ちる現象。急な斜面で起こることが多く、斜面の表層2〜3m 程度が崩れる表層崩壊は、岩石が風化した斜面がある雨の多い地域で起きやすい。斜面の下深くの岩盤まで崩れる深層崩壊は、大量の雨水の浸透により地下水脈の水圧が上昇して起こると考えられ、大雨や地震などを引き金に発生することが多い。	短時間で斜面が崩壊するので、住宅地の近くで発生すると逃げ遅れる人が多く、死者の割合が高くなる。
地すべり	斜面の土塊が、地下水などの影響により地すべり面に沿ってゆっくりと斜面下方へ移動する現象。発生地の多くが過去に近辺で地すべりが発生したところ。	進行が遅く前兆が捉えられやすいため、人的被害はあまり出ないことが多いが、移動する土塊の量が大きいため物的被害は大きくなる。

04

　土砂災害には、予兆があることが知られています。国土交通省が2005年度に開催した「土砂災害警戒避難に関わる前兆現象情報検討会」が取りまとめた資料によると、**表2**のような前兆現象があります。また、同検討会は、土砂災害発生までのプロセスの中で、このような前兆現象がどの段階で起こるのかについても明らかにしています。「がけ崩れの前に地鳴りが聞こえた」、「土石流が起こる前に焦げくさい臭いがした」などとよく聞きますが、このような前兆現象が感じられるケースは危険が間近に迫っている段階です。状況がどうなっているのか確認に行く行為は、厳に慎んでください。

表2　土砂災害と前兆現象の種類

五感	移動主体	土石流	がけ崩れ	地すべり
視覚	山・斜面・がけ	・渓流付近の斜面が崩れだす ・落石が生じる	・がけに割れ目がみえる ・がけから小石がパラパラと落ちる ・斜面がはらみだす	・地面にひび割れができる ・地面の一部が落ち込んだり盛り上がったりする
	水	・川の水が異常に濁る ・雨が降り続いているのに川の水位が下がる ・土砂の流出	・表面流が生じる ・がけから水が噴出す ・湧水が濁りだす	・沢や井戸の水が濁る ・斜面から水が噴き出す ・池や沼の水かさが急減する
	樹木	・濁水に流木が混じりだす	・樹木が傾く	・樹木が傾く
	その他	・渓流内の火花	－	・家や擁壁に亀裂が入る ・擁壁や電柱が傾く
聴覚		・地鳴りがする ・山鳴りがする ・転石のぶつかり合う音	・樹木の根が切れる音がする ・樹木の揺れる音がする ・地鳴りがする	・樹木の根が切れる音がする
嗅覚		・腐った土の臭いがする	－	－

出典：国土交通省、土砂災害警戒避難に関わる前兆現象情報検討会資料、
土砂災害警戒避難に関わる前兆現象情報の活用のあり方について、平成18年3月31日

 ## 土砂災害リスクの可視化

　がけ崩れや土石流などの土砂災害によって住民の生命または身体に危害が生ずるおそれがあると認められる区域は、自治体によって土砂災害警戒区域（通称：イエローゾーン）および土砂災害特別警戒区域（通称：レッドゾーン）に指定されています（**図2**）。国内でイエローゾーンに指定されている区域は約68万か所、うちレッドゾーンに指定されている区域は約58万か所もあります

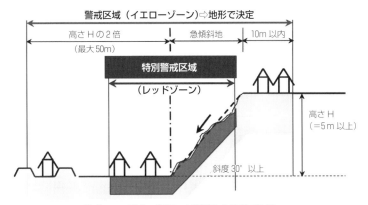

警戒区域（イエローゾーン）⇨地形で決定

高さ H の 2 倍
（最大 50m）

急傾斜地

10m 以内

特別警戒区域

（レッドゾーン）

高さ H
（=5m 以上）

斜度 30°以上

レッドゾーン⇨高さ・斜度・土質等から計算で決定

出典：東京都建設局ホームページ

図 2　土砂災害警戒区域・特別警戒区域の指定範囲（急傾斜地の崩壊の場合）

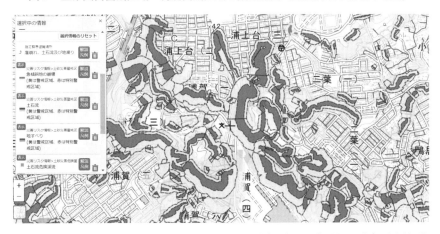

出典：国土交通省、ハザードマップポータルサイト

図 3　神奈川県横須賀市浦賀における土砂災害警戒区域など

（2022年12月末現在）。起伏が多い日本の国土では、土砂災害の危険性は至るところに存在しています。

　土砂災害の危険性がある場所については、国土交通省が運営する「ハザードマップポータルサイト」（https://disaportal.gsi.go.jp）や、各自治体のホームページで簡単に調べることができます。**図 3** は、神奈川県横須賀市東部にある浦賀地区の一部における土砂災害警戒区域などを示すマップです。横須賀市

は、全国でも有数のがけ崩れなどの土砂災害が起きやすい地域です。

　このような場所に住んでいる場合は、大雨などで土砂災害の危険性が高まった時に適切な避難行動が欠かせません。土砂災害の発生件数は増加する傾向なので、総体として危険性が高まっているという認識をもち、避難行動につなげる必要があります。このために必要となるのは、土砂災害の危険性の判断を的確に行うことです。この的確な判断は、鉄道や道路などの安全運行を確保するためにも欠かせません。

　土砂災害の特徴はローカル性が高いことです。水害による浸水区域と比較するとよく分かります。地域全体がまとまって危険区域になっていないケースが多く、局所性が高いです。さらに地面の中の変化は表面からは見えないので、土砂災害が起きるタイミングの予測は困難で、リスクの大きさが伝わりにくいという特徴ももっています。ある意味、土砂災害の危険性がある場所にいる方々が、自らリスクを認識し、知見を蓄え、早期の避難行動につなげる必要性が高いと考えられます。

土砂災害の予測

　現時点で土砂災害の予測に一般的に使われているのは、今までの降水量とこれからの降水量の予測、そして土壌雨量指数です。降水量については気象レーダの観測値を基に、気象庁が降雨域の移り変わりと降水強度を発表しています。降水強度の予測については、30分先までは250m四方の細かなメッシュごとに、35分先から1時間先の予測については、やや粗い1km四方のメッシュごとに予測しています。

　土壌雨量指数は、降った雨が土壌中に水分量としてどれだけ貯まっているかを示す数字です。気象庁が発表する大雨注意報や大雨警報（土砂災害）などの判断基準に用いられています。判断のための基準値は1km格子のメッシュごとに定められており、場所によって異なります。横須賀市でもメッシュごとに定められており、「注意報」の土壌雨量指数基準値は56〜94まで、「警報」の土壌雨量指数基準値は96〜150まであります。気象庁の発表は市町村（東京特別区は区）を原則とするので、これらのメッシュの値の最低値で判断が行われま

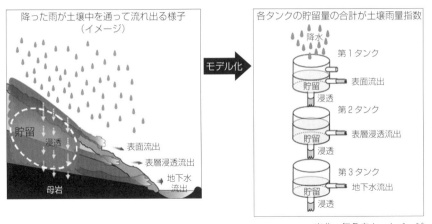

出典：気象庁ホームページ

図4　雨が土壌中に貯まっていく様子とタンクモデルとの対応

す。このため、横須賀市における大雨注意報の発表基準は、横須賀市内における基準値の最低値である56となっています。また、大雨警報（土砂災害）の発表基準は、96となっています。

　気象庁では、土壌雨量指数の算出に**図4**に示すタンクモデルを使っています。タンクモデルは、土壌中に貯まる水分量を推定するためのモデルです。3段に重ねたタンクにはそれぞれ水が流れ出す流出孔がありますが、第1タンクの流出孔は表面流出に、第2タンクの流出孔は表層浸透流出、第3タンクの流出孔は地下水流出に対応します。また、タンクの底面には水がより深いところに浸み込むことを表す浸透流出孔があります。土壌雨量指数は、各タンクに残っている水分量（貯留量）の合計として算出され、これが、土壌中の水分量に相当します。

　土砂災害警戒情報は避難に必要な時間を考慮し、2時間後に土壌雨量指数が警報基準値を超えると予想される場合に発表されます。土砂災害警戒情報が発表されたら避難することが必要ですが、結構空振りが発生します。逆に見逃しが発生することもあります。

　この空振りや見逃しの原因となる降水量予測と土壌雨量指数の限界を知っておくことが重要です。まず、降水量予測ですが、「**02**」で述べたように、線状降水帯のように短時間で急激に発達する積乱雲にともなう局地的な大雨を、十

分な時間的余裕をもって予測することや時間と場所を特定してピンポイントで予測することは、現状ではまだ難しい状況です。また、直近の予想であっても、実際の降水量が予測値と異なる可能性があります。

　さらに、土壌雨量指数はかなり粗いものです。土壌雨量指数は、全国一律のパラメータを用いて5km四方ごとに算出しています。個々の傾斜地の安定性は、植生の有無や根の張り方、地質や風化の程度などによって変わりますが、これらの要因は考慮していません。また、雪解け水による影響も考慮していません。つまり、降雨しか対象にしておらず、さらに個々の傾斜地の危険度をピンポイントで示すものではないのです。

　最近、傾斜地の樹木を切り倒して太陽光発電施設を設置した場所で、土砂災害の危険性が高まっているという声を聴く機会が増えましたが、このような地表面の変化は土壌雨量指数の計算には反映されません。さらに、土壌雨量指数は比較的表層の地中を対象にモデル化したものであり、深層崩壊や大規模な地滑りなど地中の深い部分を要因とする土砂災害の予想には適していません。

土砂災害予測の早期化と精度向上に挑む

　土砂災害予測の空振りや見逃しを減らすため、土砂災害の危険性が高い傾斜地にセンサを設置し、斜面の表層崩壊の切迫度を収集データから判断しようという取り組みが始まっています。まず、発災リスクが高い地点に信頼性の高いデータを取得することができるセンサ（表層傾斜計）を設置します（**図5**）。センサを使う場合、センサを設置した場所のデータは収集できます。しかし、それ以外の場所の状況は分からないので、斜面崩落のきっかけとなる発災リスクが高い地点を見つけ出すことがポイントとなります。地形を読み解き、例えば、傾斜が急激にきつくなる遷急点とそれを結んだ遷急線、水系やがけの存在などのさまざまな要素から発災リスクが高い場所を抽出し、現地調査を踏まえ設置場所を決定しています。

　そして、センサで収集したデータと雨量などの気象データを基に、斜面の崩落によって発生する土砂災害の危険度を判断します。このようなセンサは複数社が提供していますが、そのうちの1社である応用地質（株）（本社：東京都

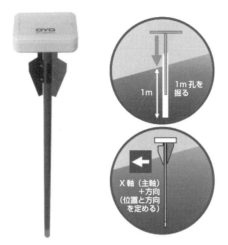

出典：応用地質（株）

棒の先端部分に精度の高いセンサが入っている。箱のように見える部分には、電源や通信システムなどが搭載されている。細長い孔を掘り、センサを入れて方向を定めてから設置する。

図5　表層傾斜計の外観と設置方法

千代田区）では、危険度を最大3段階で評価しています。センサで計測しているのは地面の表層の傾きの変化ですが、変化の量が同じであっても計測地点の地形や地質によって危険度の評価が大きく変わるため、熟練技術者の総合判断をベースに危険度を判定するアルゴリズムを開発しています。

　斜面は常に微動していますが、表層傾斜計の傾斜角変位が大きくなると土砂災害の危険性が増加します（**図6**の太い実線のケース）。一方、同図の太い点線のように途中で傾斜角変化がとまり、土砂災害に至らないケースもあります。このサービスのポイントは個々の斜面の変化が見える化され、危険箇所に設置された個々のセンサの状況と危険度がどうなっているかを一覧できる形で、地方自治体や道路管理者などが共有できることです（**図7**）。また、危険度などが変化した時は、メールで関係者に連絡します。

　斜面の変動データが大規模に長期間、面的に収集され、これらのデータと地形データ、地質データ、気象データなどを組み合わせて傾向を分析すると、従来のがけにひび割れができる、がけの斜面から濁った水が出てくるなどの定性的な状況判断に加え、地形や地質、天候などの違いに応じた客観的で定量的な

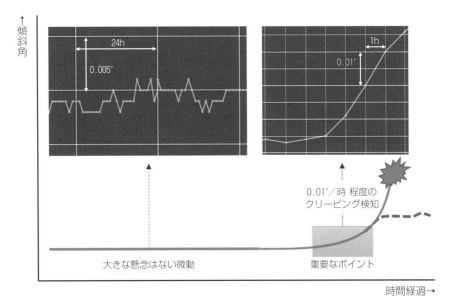

出典：応用地質（株）

図6　表層傾斜計の傾斜角の変化と重要なポイント

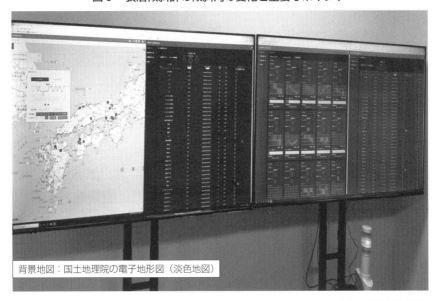

出典：応用地質（株）

図7　センサ状況一覧

判断基準をもつことが可能になると考えられます。

　温暖化にともなう激しい雨が降る回数の増加が今後も続くと、土砂災害の発生件数も増えると考えられます。現在、問題となっているのは、極端な豪雨のあった地域において、土砂災害警戒区域などの指定対象となっていない、または指定基準を満たさない区域で土砂災害が発生し、人的被害が発生していることです。

　国土交通省の「気候変動を踏まえた砂防技術検討会」は、その中間報告で「気候変動に伴う降雨特性の変化によって顕在化しつつある、土砂・洪水氾濫のほか、谷地形が不明瞭な箇所での土石流や、明瞭な地すべり地形を呈さない箇所での地すべりのような、現在、土砂災害防止法で指定基準、ハザードの広がりを特定する手法が定められていない土砂移動現象が発生する蓋然性の高い箇所の抽出手法の構築を急ぐべきである。」としています。土砂災害予測の精度を向上させるには、極端な豪雨を前提にまずは指定基準を見直し、土砂災害の危険性がある場所を確実に拾うことも必要になるのです。

　このような場所の抽出にあたり、AI が活躍する可能性があります。現在、急傾斜地において斜面崩落のきっかけとなる地点を見つけ出す一次スクリーニングの作業に AI が使われています。具体的には、地形を読み解く高度なスキルをもつ者が、電子地形図や数値標高モデルを使ってその地点を抽出する作業を実施し、その結果や考え方のプロセスなどを教師データにして機械学習[注1]のアルゴリズムを開発し、候補場所の抽出を行っています。AI を使うと、熟練技術者の人手による作業と比べ約100倍の速度で地点抽出が可能になり、しかも一次スクリーニング作業の結果として見ると十分な再現率と適合率を実現しています。専門家の知見を集めると、それをベースに AI を活用することができるのです。

注1）機械学習：AI の1つで、コンピュータが問題とその答えを使って自動的に学習し、その学習結果を使ってパターンやルールを発見し、アルゴリズムやモデルを自動的に構築する技術。

　一方、個々の斜面の状況をリアルタイムで把握し、土砂災害の予兆をできる限り正確に、かつ、できる限り早期に検知することも不可欠です。この実現に

向けては安価なセンサの開発と設置が不可欠でしょう。表層傾斜計の低廉化を進めることはもちろんですが、もっと簡易な装置で表2に示した土砂災害の前兆を検出し、自動的に警報を発することが必要です。解像度が高く、光の乏しい夜間にも対応できるカメラとAIによる危険の検知がポイントの1つかもしれません。

　センサやカメラを活用する場合は、的確な設置場所を選定する必要があります。また、電源となる電池交換やメンテ作業の手間も考えなければなりません。防災活動の一環として、これらを実施する体制面の整備も必要になります。

　土砂災害を防止するために人工衛星を活用する技術も開発されています。人工衛星から地表面に向けて電波（マイクロ波）を照射し、その反射波から地表面の標高を三次元で計測します。あらかじめ地表面の標高をこの仕組みを用いて計測しておき、後日、再計測を行い、地表面の高さの差分をmm単位で求めることで土砂量の変化を算出するものです。地すべりの兆候の検出だけでなく、砂防ダムや河道に溜まった土砂の量を計測し、その除去を定量的、計画的に行うことが可能になると期待されています。また、山を切り崩した場所や盛土を行った場所の検出にも活用できると考えられます。

 ## 5 土砂災害被害を減らす

　国土交通省などは、地すべりの原因となる土砂、雨水や地下水を取り除く工事や設備の設置、地すべりの可能性がある土塊を定着させるアンカーや地すべりの滑動を抑える杭の設置など地すべり防止施設の整備により、土砂災害の防止に努めています。しかしながら、施設整備というハードウェア的な対策だけでは限界があり、ここでもソフトウェア的な対策が不可欠です。洪水対策と同様に、まずは土砂災害の危険性が高い場所に住まないこと、多くの人が留まらないようにすることです。このため、土砂災害の危険性がある場所では、新規に住宅地を開発しない、公共施設を設置しないことがまずは基本となります。

　日本では、2011年から人口の減少が続いています。2008年の1億2,808万人のピークから2021年には1億2,550万人へと、258万人減少しています。一方、空き家の数は、2013年の820万戸から2018年には846万戸に増加しています。こ

のような人口動態の中で、最近、少しずつではありますが、官民で災害リスクの高い場所にはできる限り住まないようにする取り組みが始まっています。

　まず、土砂災害特別警戒区域（通称：レッドゾーン）に指定されると、宅地の分譲などの開発行為が都道府県知事の許可制となります。また、建物の構造が基準を満たすかどうか指定検査確認機関の確認を受けることが必要になります。危険が高まれば建物の移転を勧告されることもあります。水害リスクのある場所では盛土などが要請されるようになり、土地利用のコスト上昇につながっています。コストを上昇させることで、危険な場所の利用が抑制されることが期待されます。

　さらに、民間金融機関と住宅金融支援機構が提携して提供している全期間固定金利型の住宅ローン「フラット35」では、2021年10月からレッドゾーン内で新築住宅を建設または購入する場合、金利を一定期間引き下げるフラット35Sが使えなくなりました。

　一方、民間の損害保険各社では、ハザードマップを基にした「水害リスク」の高さに応じて保険料に差をつける動きが、これも少しずつではありますが始まっています。災害被害の増加にともない損害保険会社が支払う保険金が年々増加しており、火災保険料の値上げが続いています。今までの火災保険料は水害リスクの違いを考慮していませんでしたが、大規模水害で被害を受けた住宅の大半が災害ハザードマップの危険区域内だったことから、一部の損害保険会社が国土交通省のハザードマップを基に水害被害のリスクを計算し、保険料に差をつけたのです。

　このような取り組みが始まった背景には、火災保険料の値上げが続いていることに対して、災害リスクの低い場所に住む保険契約者が不公平感を強めていることがあります。水害被害のリスクに応じて保険料に差をつけている損害保険会社はまだ一部にとどまっていますが、今後、このような動きが一般化しそうです。

　また、インターネットで検索すると「土砂災害特別警戒区域の土地を買ったら、住宅ローンが利用できなかった」などの相談が寄せられているので、金融機関も災害リスクの大きな区域ではローン審査の要件を厳しくしている可能性があります。急傾斜地は景色が良い、あるいは土地の値段が安いなどの利点を

アピールして不動産を売り込むケースもあるようですが、規制、それから住宅ローンや火災保険などで災害リスクを踏まえた動きが始まっていること、このような動きが広がっていく可能性があること、何よりも災害リスクが高いことを踏まえて判断することが必要になっています。

　もう1つ重要なことがあります。それは、土砂災害被害を減らすには、個々の傾斜地ごとに土砂災害を予測する必要性があるということです。前にも述べましたが、土砂災害の特徴はローカル性が高いことです。気象庁は大雨注意報や大雨警報（土砂災害）などを発表しますが、基準として使っているのは土壌雨量指数なので、個々の傾斜地の特性を反映したものではありません。また、土壌雨量指数は1kmのメッシュで定められていますが、気象庁の注意報や警報はこのメッシュごとではなくより広い市町村単位で出されます。

　このため、土砂災害などの災害リスクのより精緻な予測のために、民間気象会社はきめ細かな降雨予測情報を提供しています。例えば、民間気象会社である（株）ハレックス（本社：東京都品川区）は、気象災害リスクモニタリングシステム「HalexForesight!®」というサービスを提供しています。気象庁が提供する膨大な気象予報データを高速解析し、顧客が災害リスクを知りたい複数の場所における降雨予測データを、1kmメッシュという細かい単位で推定するものです。不動産投資におけるリスク把握、大規模マンションにおける防災対策、工場運営における防災対策、鉄道の安全運行などのために利用されています。

　顧客は知りたい場所のリスクを可視化された形で把握し、その推移を見守ることが可能です。また、災害リスクの程度を反映した警告（アラート）発出の基準を設定することができます。災害リスクが基準を超えた場合はコンピュータから自動的に警告が発出されるので、この警告をきっかけに業務オペレーションの変更や避難などの判断を確実に行うことができます。ローカル性が高い土砂災害のリスクを把握するなどの利用には、もってこいのサービスです。

　このHalexForesight!®の前身となったのは、鉄道事業者向けの気象・防災情報提供サービス「防災さきもり®Railways」です（**図8**）。このサービスの提供は、三浦半島で鉄道事業を行っている京浜急行電鉄（株）（以下：京浜急行、本社：神奈川県横浜市）向けのシステム開発がきっかけになっています。

図8　「防災さきもり®Railways」の概要

　京浜急行は、土砂災害リスクの高い地域特性を踏まえ、土砂災害リスクの監視と確実な判断の実施による鉄道の安全運行確保のために、このようなサービスの開発を依頼したのです。

　この防災さきもり®Railways でも、気象庁から提供されるデータに基づき、知りたい場所の降雨情報を1kmメッシュで推定します。この解像度が高い降雨情報を使い、土砂崩れの危険性がある場所などの降水強度や降水量、それから「土壌雨量指数」を活用して土砂災害の危険性を見える化して分かりやすい形で提供できます。また、見落とし防止のための自動警告機能も提供しています。ユーザーである鉄道事業者が、地形やその特徴に応じて個々の場所ごとに警戒基準値を設定すれば、コンピュータがその値を超えるおそれを自動的に検知し、警告を発信することで見落としを防止します。もちろん、情報は運転指令所だけでなく現場（駅・列車）にも共有される仕組みになっています。また、同サービスはクラウドサービスとして提供されているので、パソコンとインターネットがあれば導入可能です。

　京浜急行は、特急電車が線路上の土砂に突っ込む事故を経験しています。短時間に降ったと見られる豪雨の影響で、2012年9月24日23時58分頃、神奈川県横須賀市内を走っている京急本線の追浜駅―京急田浦駅間で土砂崩れが発生し、

そこに電車が突っ込んだのです。先頭車両から3両目までが脱線し、乗客に負傷者が出ています。同社では、このような事故の再発を防止するため、ハレックス社にシステム開発を依頼しました。

　京急本線には雨量計が10か所設置されています。そして、同社で定めた基準である毎時雨量30mm以上、または連続雨量（＝雨が降り始めてからの積算雨量）200mm以上の雨が観測された区間で速度を落として運転、毎時雨量40mm以上、または連続雨量300mm以上の雨が観測された区間でさらに速度を落として運転、毎時雨量40mm以上、かつ連続雨量300mm以上の雨が観測された区間で運転を見合わせる取り組みを実施しています。このようにローカル性の高い土砂災害に対応する取り組みを円滑に実施するうえで、開発されたシステムが貢献しているのです。

　2023年5月に土砂崩れや洪水などの気象予報業務に民間事業者を参入しやすくするために気象業務法などが改正されました。これによってきめ細かな予報の実施が促進されることが期待されます。

【参考文献】

・国土交通省、土砂災害警戒避難に関わる前兆現象情報検討会資料、土砂災害警戒避難に関わる前兆現象情報の活用のあり方について、平成18年3月
https://www.mlit.go.jp/common/001021004.pdf
・国土交通省、全国における土砂災害警戒区域等の指定状況（R4.12.31時点）
https://www.mlit.go.jp/mizukokudo/sabo/linksinpou.html
・国土交通省、ハザードマップポータルサイト
https://disaportal.gsi.go.jp
・国土交通省ホームページ、砂防
https://www.mlit.go.jp/mizukokudo/sabo/index.html
・東京都、土砂災害警戒区域等マップ
http://www2.sabomap.jp/00common/map.php?PREF_KBN=tokyo&extent=
・気象庁ホームページ、土壌雨量指数
https://www.jma.go.jp/jma/kishou/know/bosai/dojoshisu.html
・松井恭、ハザードマッピングセンサソリューション、第8回MCPCプレミアム・アワード・セミナープレゼン資料、2021年6月30日
・松井恭、応用地質株式会社におけるDXの取り組みとその具体的事例、スマートIoT推進フォーラム、第7回総会プレゼン資料、2022年3月23日
https://smartiot-forum.jp/about/forum-mt/soukai07

· スマート IoT 推進フォーラム IoT 導入事例、センサの設置から危険度判定までをオールインワンでカバーする － 応用地質のハザードマッピングセンサソリューション、掲載日：2021年10月20日

https://smartiot-forum.jp/iot-val-team/iot-case/case-oyo

· 国土交通省 気候変動を踏まえた砂防技術検討会、第2回会合資料、近年の土砂災害実績を踏まえた課題、2020年5月21日

https://www.mlit.go.jp/river/sabo/committee_kikohendo/200521/02shiryo.pdf

· 国土交通省、気候変動を踏まえた砂防技術検討会中間とりまとめ、令和2年6月

https://www.mlit.go.jp/river/sabo/committee_kikohendo/200521/chukan_torimatome.pdf

· 東京都建設局ホームページ、土砂災害特別警戒区域（レッドゾーン）内の法的規制について（特定開発行為の許可制、建築物の構造規制）

https://www.kensetsu.metro.tokyo.lg.jp/jigyo/river/dosha_saigai/map/kasenbu0092.html

· 長期固定金利住宅ローン「フラット35」ホームページ

https://www.flat35.com

· ダイヤモンド不動産研究所ホームページ、福崎剛、火災保険は水災リスクに連動した保険料になる⁉損保がリスク細分保険料を導入する背景とは、2020年12月17日公開（2021年9月17日更新）

https://diamond-fudosan.jp/articles/-/1110804

· ハレックスホームページ、オリジナル気象システム HalexDream!、鉄道事業者様向け 気象・防災情報提供サービス

https://www.halex.co.jp/service/api/casestudies03.html

04

05

地震被害を減らせ

① 地震予知は困難

　日本は世界有数の地震国です。地震に関しては、さまざまな研究が行われています。しかし残念ながら、地震の発生を予知するのは困難だと考えられています。地震調査研究推進本部は、地震の予知について「いつ、どこで、どれくらいの規模の地震が起こるのかを地震の発生前に科学的根拠に基づき予測すること」と定義した場合、現在の科学技術では「大きな地震に限ったとしても、一般的には地震予知は困難だと考えられている」としています。

　ちなみに同本部は、総理府に設置（現在は文部科学省に移管）された政府の特別機関です。地震に関する調査研究の成果が、国民や防災を担当する機関に十分に伝達され、活用される体制になっていなかったという1995年に発生した阪神・淡路大震災で明らかになった課題意識の下に、行政施策に直結すべき地震に関する調査研究の責任体制を明らかにし、これを政府として一元的に推進するために設置されました。

　地震の予知は困難ですが、地震のリスク（危険度）を評価することは可能です。過去の地震活動、断層の状況、地盤の状況など膨大な量のデータから地震ハザード評価が実施され、「地震危険度マップ」が作成されています。また、地震被害を減らすため、建物の耐震化や不燃化、道路、橋、堤防などの構造物の耐震化、電気、ガス、水道、下水道などのライフライン施設の耐震化、地震による火災の延焼を遮断するため幅が広い道路や防火樹林帯の整備などが進められています。

　一方、地震発生後の津波の発生については、ある程度予測することが可能です。ただし、津波警報や注意報は、地震発生後すぐに発表する必要があります。このため、迅速性を重視して発表しているので、警報や注意報が空振りになる場合も相当数あります。

　このように地震や津波の予測に関しては、十分と言える段階には達していません。さらなる調査研究が必要です。このため、地震調査研究推進本部は、2019年5月に「地震調査研究の推進について―地震に関する観測、測量、調査及び研究の推進についての総合的かつ基本的な施策（第3期）―」を発表して

います。この文書は、将来を展望した新たな地震調査研究の方針を示すものです。海溝型地震の発生予測手法の高度化、内陸で発生する地震の長期予測手法の高度化など当面10年間に取り組むべき調査研究、南海トラフ西側の海域（高知県沖〜日向灘沖）の地震・津波観測網の整備などが施策として盛り込まれています。

地震と津波の発生メカニズム

地震の発生を予知することは困難だと考えられていますが、地震がなぜ発生するかは分かっています。地震は、地下にある岩盤の「ずれ」によって発生します。日本列島の周辺では、海のプレートである太平洋プレート、フィリピン海プレートが、陸のプレートである北米プレートとユーラシアプレートの方に1年あたり数 cm の速度で動いていて、陸のプレートの下に沈み込んでいます（**図1**）。

硬い板状の岩盤でできているプレートの動きにともない、日本列島の周辺ではこれらのプレートがぶつかり、岩盤に複雑な力が働いています。岩盤がその

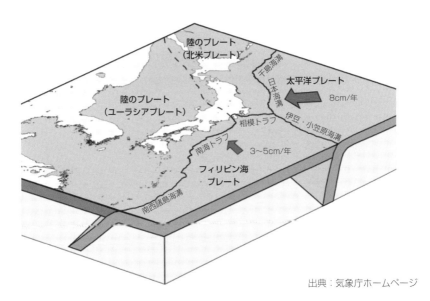

出典：気象庁ホームページ

図1　日本列島付近のプレートの模式図

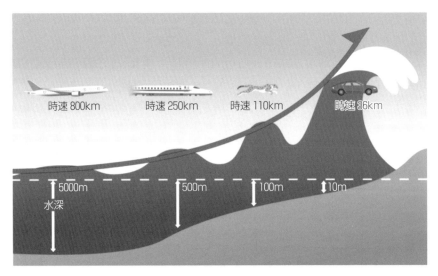

出典：気象庁ホームページ

図2　海の深さと津波の速度

力に耐えられなくなり、岩盤がずれることで地震が発生します。

　この地盤のずれが海の下で発生すると、海底が隆起したり沈降したりします。これにともなって大きな波が発生し、四方八方に伝播することで津波が発生します。津波は陸地に近づくにつれて波の高さが高くなります。津波の速度は海の深さによって決まり、海が深いほど速く、浅くなると遅くなります。5,000mの深さの時は時速800km、100m の深さの時は時速110km です。このため、津波が陸地に近づくにつれ、速度が遅くなった波の前方部に後方部が追いつくことで、波の高さが高くなります（**図2**）。

　津波の高さは、海岸付近の地形によって大きく変わります。岬の先端部分やリアス式海岸に多いV字型の湾の奥などでは、波のエネルギーが集中し、波の高さが高くなります。津波の速度は海の深さが10m のところでも時速36km と、100m を10秒で走るオリンピック選手並みの速度です。つまり津波がくるのを見てから避難を始めても間に合わない可能性が高いのです。海岸付近で地震の揺れを感じた時、あるいは津波警報が発表された時は、速やかに避難することが必要です。

3 地震・津波の観測

　地震発生の予測を可能にするため、さまざまな調査研究が行われています。その基礎となるのは観測データです。地震調査研究推進本部の調べによると、国の機関では国土交通省、国土地理院、気象庁、海上保安庁、そして研究機関である国立大学法人、防災科学技術研究所、海洋研究開発機構、産業技術総合研究所が、さまざまな観測施設を設けています。

　各観測施設では地震や津波を観測し、さまざまなデータを取得しています。代表的な観測設備や項目と観測しているデータの概要は、次の通りです。

（1）高感度地震計

　人が感じない微弱な揺れまで記録する地震計です。陸地（1,292か所[注1]）だけでなく、海底（232か所[注1]）にも設置されています。これらのデータを蓄積すると、地殻構造の解析に用いることができます。また、地震の中長期的な予測にも貢献しています。**図3**に高感度地震計の分布図を示しますが、日本近海を含む全国に高密度に観測施設が設置されていることが分かります。

注1）観測施設の数は2022年4月1日時点（以下：他の観測機器も同様）

（2）広帯域地震計

　さまざまな周期の揺れを正確に記録するため測定周波数範囲が広い地震計です。大地震の検知や遠く離れた震源から伝播するゆっくりした揺れまで、地震によって発生するほとんどすべての地震動を記録することができます。189か所に設置されており、主に地球の深部構造である地殻の研究や地震の発生メカニズムの解析に用いられています。この地震計は温度変化や気圧変化に敏感なので、その影響を避けるため地下の横坑の奥に設置されています。

（3）強震計

　主に地面の加速度を測る加速度計を用いて、地震の際の強い揺れを記録します。防災科学技術研究所は、約20kmの間隔で全国約1,000か所の主に地表に

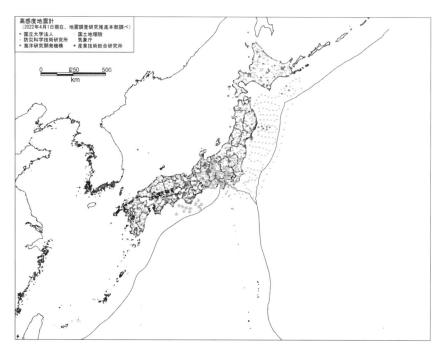

出典：地震調査研究推進本部ホームページ

図3　高感度地震計の分布図

設置された強震計から構成される強震観測網、全国約700か所の地表と地中に設置された強震計から構成される強震観測網をもっています。これらの強震データは、地震ハザード・被害リスク評価などに使われています。気象庁も全国で観測を行っており、計測した震度は地上回線と気象衛星経由で、強震波形は地上回線経由で気象庁に送信し、地震直後に震度情報として発表されます。

（4）海底地震計と津波を検知する水圧計

　海底で起きる地震とそれにともなって発生する可能性がある津波を検知するため、次の①～③に示す観測システムが設置されています。なお、水圧計は、水圧の大小で波の高さを測定しようというものですが、波の高さを正確に推定する研究開発が実施されている段階です。

　①　北海道沖から千葉県の房総半島沖までの太平洋海底に、地震計や水圧計

から構成される観測装置を設置し、観測データは光海底ケーブルなどで関係機関に送信する日本海溝海底地震津波観測網。

② 南海トラフ海域の熊野灘と紀伊水道沖に、多種類のセンサ（強震計、広帯域地震計、水圧計、ハイドロフォン、微差圧計、温度計）から構成される観測装置を設置し、地殻変動のようなゆっくりとした海底の動きから大きな地震動、津波などの情報をキャッチし、観測データは光海底ケーブルなどで関係機関に送信する地震・津波観測監視システム。

③ 相模トラフ域に地震計と水圧計から構成される観測装置を設置し、観測データは光海底ケーブルなどで関係機関に送信する相模湾地震観測施設。

（5）検潮・津波

　気象庁は、太平洋側を中心に全国各地に潮汐観測地点を設け、潮位を常時観測しています。また、国土交通省は港などの沖合に GPS 波浪計（ブイ）を設置し、ブイの上下変動を高精度で計測し波浪や潮位を観測しています。地震による津波などの観測も可能なので、津波の観測にも活用されています。

（6）その他

　以上の項目以外にも、海底に設置した基準局の位置を cm の精度で計測する海底地殻変動の観測施設（測量船）、地震予知を目的とした地下水の観測施設、地殻に力がかかった際に生じる地磁気に異常が現れる現象を検出しようとする地球電磁気の観測施設など、さまざまな施設が設置されています。

（7）地殻変動（GNSS）

　国土地理院は、約20km の間隔で全国約1,300か所に電子基準点を設置しています。電子基準点は、土地の測量や地殻変動の監視を行うために必要な基準点として使われています。この電子基準点では、衛星測位システム[注2) のデータを解析し、観測時点で電子基準点が地球上のどこにあるのか、その正確な位置を把握します。その時間的な変化を調べることによって、地殻変動の状況を知ることができます。地球の表層部にある地殻は、年間数 mm から数 cm 程度移動しています。この地殻変動の結果として地震や火山活動が引き起こされ

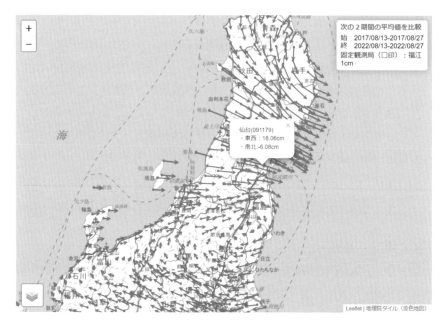

出典：国土地理院ホームページ

図4　「地殻変動情報表示サイト」による東日本の地殻変動の状況

ます。したがって、この地殻変動を把握し、地震に関する調査研究や火山噴火の予知研究を推進しているのです。

注2）衛星測位システム（GNSS：Global Navigation Satellite System）：位置が分かっている4個以上の測位衛星から発射される電波によって測位衛星から電子基準点までの距離を同時に知ることにより、電子基準点の位置を決定する。

　図4は、国土地理院「地殻変動情報表示サイト」の図です。長崎県にある電子基準点「福江」局の上に立って日本列島を眺めた時に、2017年8月〜2022年8月までの5年間で、東日本の地殻がどのように変動したかを示しています。矢印の向きは地殻変動の方向、長さはその大きさを示しています。例えば、「仙台」局は東に18.06cm、南に6.08cm移動したことが分かります。東北地方の太平洋側の変動が、日本海側よりも大きくなっています。2011年の東日本大震災の前は東西に縮んでいた東北地方ですが、この5年間は東西に伸びてい

図5　海底地殻変動観測システムの概要

ることが分かります。

　電子基準点で観測できるのは、陸上での地殻変動に限られます。海底での地殻変動は観測することができません。そのため、海底での地殻変動を観測するために海底基準局が設置されています。海底の地殻変動を観測するには、海底基準局に加え測量船が必要になります。まずGNSSで測量船の位置を決定し、同時に測量船と海底基準局との距離を音波によって計測します。測量船と海底基準局の間の音波の往復伝播時間から距離を求めます。GNSS－音響測距結合方式と呼ばれる方法です。測量船が数千の地点で、このような計測を繰り返し、海底基準局の位置を高精度に決定しています（**図5**）。

　日本では海上保安庁などが、このような海底地殻変動観測システムを設置し、日本海溝や南海トラフ沿いの海域などの地殻変動を観測しています。

　今まで日本国内の地震・津波観測に関して説明しましたが、地震・津波情報については、国際的な協力が必要です。遠く離れた場所で発生した地震にとも

なう津波が日本に押し寄せ、大きな被害をもたらす可能性があるからです。そのため、太平洋諸国の津波防災体制を強化することを目的に「太平洋津波警戒・減災システムのための政府間調整グループ（ICG/PTWS：Intergovernmental Coordination Group for the Pacific Tsunami Warning and Mitigation System)」が設立されています。

 ## 地震情報の配信

　地震の発生を予知するのは困難だと考えられていますが、大きな地震の直前に緊急地震速報が気象庁から配信されています。これは地震が発生した際に、早く伝わる性質のある地震波のＰ波を検知して配信されます。伝わるのが遅い地震波ですが、強い揺れによって被害をもたらすことが多いＳ波を警告することを目的としています。強い揺れの前に、自らの身の安全を確保したり、コンロの火を消したり、列車のスピードを落としたり、あるいは工場などで機械制御を行うなどの活用がなされています。この緊急地震速報の実用化は、前述の地震調査研究推進本部の大きな成果です。

　そのほか、私たちがテレビなどでよく見るのは、地震発生後に気象庁が配信する「震源・震度に関する情報」、「各地の震度に関する情報」などの地震情報です。気象庁はこのほかにも、高層ビルなどに周期の長いゆっくりとした大きな揺れをもたらす可能性がある「長周期地震動」情報を配信しています。

　規模が大きな地震が発生した時には、長周期地震動が発生します。そして、地震波の周期と建物の固有周期が一致すると、共振により建物が長時間にわたり大きく揺れます。この揺れによって、室内の家具や什器が転倒・移動する、エレベータが故障する、などの被害が出るおそれがあります。2011年の東日本大震災の際には、首都圏などの高層建物が大きく揺れました。それ以上に大きく揺れて被害が発生したのは、大阪湾岸にあった大阪府咲洲庁舎でした。地盤の揺れと咲洲庁舎の揺れの周期が同じで共振し、約10分間の揺れが生じました。最上階（52階）では最大１ｍ（片側）を超えて揺れ、内装材・防火戸の損傷など建物全体で合計360か所の被害と32基のエレベータのうち４基で閉じ込め事象の発生が確認されています。

5 津波予報

　気象庁は地震が発生してから約3分（一部の地震^{注3）}については約2分）を目標に、津波予報区単位で津波警報や注意報を発表しています。日本の周辺で大きな地震が発生すると、地震発生後すぐに津波が日本沿岸に来襲する場合があります。現時点のコンピュータの能力では、地震が発生してから津波の到着時刻や高さの計算を開始すると、津波が到達するまでに津波警報を発表することが難しい場合もあります。

注3）日本近海で発生し、緊急地震速報の技術によって精度の良い震源位置やマグニチュードが迅速に求められる地震。

　そこで気象庁では、あらかじめ津波を発生させる可能性のある断層を設定して津波の数値シミュレーションを行い、その結果を津波予報データベースとして蓄積しています。そして、実際に地震が発生した時は、発生した地震の位置や規模などに対応する予測結果をこのデータベースから即座に検索し、警報や注意報を出しています。

　迅速性を重視することが必須という性格をもつため、予報が外れることがあります。この原因は、次の通りです。

① 　津波による海面変動を精度良くリアルタイムで観測する方法がないため、地震の震源と規模から海底の地殻変動の大きさや範囲などを推定し、それを基に海面の変動の様子を推測している。

② 　海域で発生した地震の深さの推定精度が十分ではないケースがある。

③ 　巨大地震の断層の位置、ずれる方向や地震の規模（マグニチュード）を2、3分で求めることができないため、津波をもっとも発生させやすいケースで予測している。特に沿岸に近い場所で地震が発生した場合、津波を小さく予測しないように、考えうるさまざまな断層による津波の予測値の中から最大のものを津波警報・注意報に用いている。

　このように迅速さ重視、フェールセーフ^{注4）}重視で予報しているため、地震の詳細が判明すると予報が過大であったと判明することがあります。このため

気象庁では、最初の警報・注意報よりも津波が小さい、あるいは発生しない可能性が高いことが確認できれば、警報・注意報の切り替えや解除を行っています。また、実際に津波が観測された場合など、逐次得られる観測データに基づいて、津波警報・注意報の更新を行っています。

注4）フェールセーフ：もともとは機器やシステムの設計などについての考え方の1つで、部品の故障や破損、操作ミス、誤作動などが発生した際に、なるべく安全な状態に移行するような仕組みにしておくこと。この場合は、最悪のケースを想定して予報することを意味する。

津波予報の精度向上を図る

　このような津波予報の仕組みを理解していると、予報が外れても仕方がないと思います。しかし、中には「どうせ予報は外れるから」と考える人がいるかもしれません。したがって、予報の精度を上げることは重要です。東北大学災害科学国際研究所、東京大学地震研究所、富士通の3者は、スーパーコンピュータを利用し、沿岸域の津波浸水を高解像度でリアルタイムに予測するモデル構築に成功しています。

　ホームページ資料によると、多数のシナリオを想定した津波シミュレーションを行い、津波等の模擬観測データと予測地点での津波浸水波形の関係を教師データとしてAIに学習させ、沿岸域の津波浸水をリアルタイムに予測するAIモデルを構築します。この学習の際にはスーパーコンピュータを利用します。構築したAIモデルを利用すると、地震発生時に沖合で観測される津波波形を入力すれば、パソコンでも数秒で予測したい地点での津波の浸水波形を予測できるというものです（図6）。予測の有用性が検証されれば、このような技術が気象庁の津波予報に取り入れられ、予報精度の向上に貢献するのかもしれません。

　一方、三菱電機（株）（本社：東京都千代田区）は、海水表面の動きをレーダで観測し、沖合50km程度で津波の波面を検知し、従来は1m以上あった津波の高さの推定誤差を50cm以内に抑える技術の開発を進めています。50km程度の沖合で検知できれば、沖合の水深にもよりますが、津波が襲来する30分

AIによる津波波形の事前学習

①多数のシミュレーションを実施　　②AIが模擬観測データと浸水波形の関係を学習

模擬観測データ

地殻変動や
津波の観測網

時間　　学習

浸水予測点

高さ　浸水予測点の波形

時間

津波発生時

③発災時は学習済みAIが予測

実観測データ

津波発生

入力　　予測

時間

浸水予測点

津波到達前

観測データが得られると
浸水波形を即時予測

浸水予測点の波形

高さ

時間

図6　AIによるリアルタイム津波浸水予測の流れ

程度前には予知できることになります。

　津波の被害を避ける方法は、津波警報・注意報が出ていることに気づいた時、海辺で強い揺れを感じた時、長くゆっくりした揺れを感じた時は、海辺や川から離れ、より高い安全な場所へ避難することです。津波の危険性がある地域では、津波に襲われるおそれのある場所をハザードマップで確かめ、避難場所や避難経路を確認しておくことが必要です。また、避難経路を実際にたどって避難場所にどれくらいで到着するのかを確かめ、さらに安全な避難場所とそこへの避難経路についても考えておくことも重要です。

7 地震リスクの可視化

　❶で述べた通り、地震の発生を予知することは困難と考えられていますが、地震のリスク（危険度）を示すことは可能です。このリスクを示す地震動予測地図の公表も、地震調査研究推進本部の活動成果です。防災科学技術研究所は、

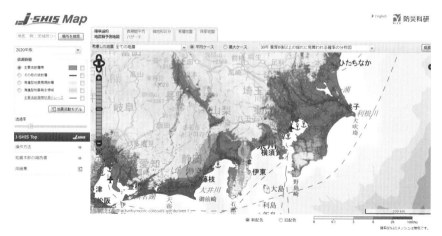

出典：防災科学技術研究所ホームページ

図7　防災科学技術研究所の地震危険度マップ
（30年の間に震度6強以上の揺れに見舞われる確率の分布図）

この地図を地図作成の前提条件となった地震活動・震源モデルおよび地下構造モデル等の評価プロセスにかかわるデータと一緒に「地震ハザードステーション（J-SHIS：Japan Seismic Hazard Information Station)」と呼ばれるサイトで公開しました。

　J-SHIS で公表される情報は、その後の技術進歩を取り入れ進化しています。現在では、「全国地震動予測地図」として新たに整備された全国版「確率論的地震動予測地図」、主要断層帯で発生する地震に対する詳細な強震動予測に基づく「震源断層を特定した地震動予測地図」、そしてそれらの計算に用いた全国版深部地盤モデルや250mメッシュ微地形分類モデルなどを一元的に管理し、背景地図と重ね合わせて公表しています。

　確率論的地震動予測地図は、一定の期間内にある地点がある大きさ以上の揺れに見舞われる確率を計算したものです。**図7**はいろいろな種類がある確率論的地震動予測地図のうち、今後30年以内に各地点が震度6強以上の揺れに見舞われる確率を示した地図の一部です。もう1つの、震源断層を特定した地震動予測地図は、ある特定の断層帯で地震が起きた時に断層周辺で生じる揺れの大きさを予測し、地図で示すものです。

防災科学技術研究所の情報とは別に、国土交通省の「ハザードマップポータルサイト」から「わがまちハザードマップ」にアクセスし、地震被害マップ、液状化マップを含む地盤被害マップ、建物被害マップ、火災被害マップなどJ-SHISにない情報を見ることが可能です。しかし、データを整備し公開しているのは一部の地方自治体にとどまっており、データベースの整備は道半ばです。

8 地震被害を減らす

現時点では地震予知は困難なので、地震対策としては、地震の被害を軽くするように十分な備えをすること、地震が起こった時の被害を迅速に把握し、適切な救助・支援活動、復旧・復興対策を進めることがメインになります。

地震の被害を軽くするために、地震の危険性が高い場所に住まない、活発な活動拠点を設けないという解決策は現実的ではありません。地震の危険性が高い太平洋沿岸の地域の多くは、人口が密集している地域だからです。では、どのような解決策があるのでしょうか。まず、考えられるのは活断層の近辺を避けることです。

2016年の熊本地震では、活断層の上や近辺で全壊した住宅が多かったことが知られています。リスクを避ける観点からは、活断層の近辺に建物を建てるべきではありません。少なくとも生活や災害対策に欠かせない重要な施設の建設は避けるべきでしょう。しかし、政府の地震調査研究推進本部によると、日本の陸域には約2,000の活断層があるとされています。日本全国に活断層が広がっているのです。地下に隠れていて地表に現れていない活断層もたくさんあると言われています。国土がそれほど広大でない日本では、土地の有効利用という観点からも建築を制限するのは難しいと思われます。

（1）建物の耐震化

このため、地震被害を最小限におさえる現実的で有効な対策として挙げられるのは、建物の耐震化を進めることです。実際、1978年に起きた宮城県沖地震や、1995年に起きた阪神・淡路大震災の被害状況など大地震被害の検証結果を

反映し、建築基準法で定められる耐震基準は次第に強化されています。その中でも大きなものは、1981年6月と2000年6月の改正です。

1981年6月から施行された耐震基準は「新耐震基準」、それ以前の基準は「旧耐震基準」と呼ばれています。新耐震基準は、中規模の地震（震度5強程度）で損傷しないこと、大規模の地震（震度6〜7程度）で倒壊しないことを目標としたものとされています。つまり、新耐震基準に準拠する建物ならば、基本的に倒壊による人命危害は避けることができるのです。

その後、2000年6月から施行された建築基準法では、木造住宅の耐震性に大きくかかわる耐震基準の改正がありました。「2000年基準」と呼ばれています。この基準は、阪神・淡路大震災で多くの木造住宅が倒壊したことを踏まえ、基準をより厳しくしたものです。具体的には、「地盤が重さを支える力に応じて基礎を設計する」、「柱などが抜けることを防ぐため接合部への金具の取り付け」、「耐力壁をバランスよく配置することでより頑丈な家にすること」などの仕様が明記されています。

建物の耐震化は時間がかかる取り組みですが、このような耐震基準の強化によって、少しずつではありますが、地震に強い建物が増えています。

（2）建物の揺れ防止

ビルの中には、地震による建物の被害を防ぐための「耐震」性能を上げるだけではなく、揺れを少なくする「制震」や「免震」といった機能をもつものもあります。周期が長い大きな揺れ（長周期地震動）が発生すると、超高層建築物ではゆっくりと大きくしなるように揺れるという現象が発生します。東日本大震災では、長周期地震動を受けた超高層建物の揺れが長時間続いて被害が発生しました。このため、揺れを少なくする機能が注目されています。

制震構造の多くは、建物に伝わる地震の力をダンパーと呼ばれる制振装置で吸収して揺れを抑える仕組みになっています。一方、免震構造は、建物と基礎の間に積層ゴムなどの免震装置を組み込んで、地震の力を上手にかわす仕組みです。

制震構造に使われるダンパーをアクティブに駆動することで、より効率的に揺れを抑える技術も（株）NTTファシリティーズ（本社：東京都港区）など

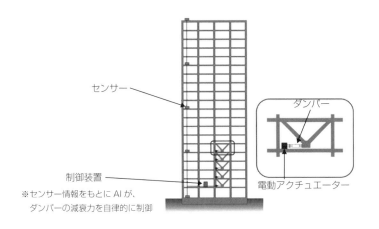

出典：（株）NTT ファシリティーズニュースリリース、
AI（人工知能）を活用する超高層建物向けアクティブ制振技術を開発、2017年 8 月30日

図 8　アクティブ制振システムのイメージ

によって開発されています（**図 8**）。あらゆるパターンの地震を想定したデータセットを用いて、AI に地震時の建物の揺れを速やかに抑える最適制御方法を学習させます。実際の地震の際には、建物の複数箇所に取り付けたセンサが建物の揺れを検出し、その揺れパターンに応じて AI を搭載した制御装置がダンパーの揺れを抑えるのに最適な力を加えるという制御を自動的に行い、建物の揺れを抑えています。

（3）火災対策

　地震の二次災害として、火災が起こることはよく知られています。「平成23年版消防白書」によると、東日本大震災の際の大規模な市街地火災は津波に起因するものでした。津波により流出し炎上した家屋、自動車、がれきなどの漂流物を介して、市街地などに延焼した事例が報告されています。具体的な火災の発生原因としては、津波により浸水した家屋、自動車などにおける塩水による電気配線のショート、漏電などのほか、地震で損傷した家屋における電気配線の半断線、ショート、漏電などが報告されています。また、地震動による電気ストーブなどの転倒、あるいは可燃物がストーブなどへ落下したことによる出火、停電のため使用していたロウソクによる出火なども報告されています。

また、停電がしばらく続き、復旧後の再通電時に出火する、いわゆる「通電火災」の可能性もあります。転倒した家具の下敷きになって損傷した配線などに再通電した結果、発熱して発火してしまう、地震で落下したカーテンや洗濯物といった可燃物がヒーターに接触している状態で再通電した結果、着火してしまう、転倒したヒーターや照明器具（白熱灯など）が可燃物に接触した状態で再通電した結果、着火してしまうなどのメカニズムで火災が起こっています。

　地震の際は、通常時に想定していない状況が発生し、火災に至るケースが多々あります。また、地震で動揺しており、火災が発生した時に落ち着いた対応がとれないこともあります。したがって、普段から対策を日常化しておくことが望まれます。

　残念ながら、大規模地震発生時には、多くの地点で同時に火災が発生するおそれが高くなります。このため、消防力が不足し、住宅密集地などでは大規模な火災の危険性が高くなります。これを防ぐには建物の不燃化を進める、延焼を遮断する帯状の区域を設ける、などの対策が考えられ、街づくりの一環として実施されています。

【参考文献】

・地震調査研究推進本部ホームページ、地震調査研究推進本部の紹介及び地震調査研究推進本部20年の資料集
　https://www.jishin.go.jp
・地震調査研究推進本部、地震調査研究の推進について（第3期）、令和元年5月31日
　https://www.jishin.go.jp/about/activity/policy_revised/
　https://www.jishin.go.jp/main/suihon/honbu19b/suishin190531.pdf
・気象庁ホームページ、地震発生のしくみ
　https://www.data.jma.go.jp/svd/eqev/data/jishin/about_eq.html
・気象庁ホームページ、津波発生と伝播のしくみ
　https://www.data.jma.go.jp/svd/eqev/data/tsunami/generation.html
・防災科学技術研究所ホームページ、強震観測網
　https://www.kyoshin.bosai.go.jp/kyoshin/
・国土地理院ホームページ、日本列島の地殻変動
　https://www.gsi.go.jp/kanshi/index.html
・国土地理院ホームページ、地殻変動情報表示サイト
　https://mekira.gsi.go.jp/index.html
・海上保安庁報道発表、南海トラフにおける海底地殻変動の観測を強化～海底基準局を搭載

した測量船が出港〜、平成24年 1 月19日

https://www.kaiho.mlit.go.jp/info/kouhou/h24/k20120119/k120119-2.pdf

・海上保安庁 海洋情報部ホームページ、海底の動きを測る〜海底地殻変動観測〜

https://www1.kaiho.mlit.go.jp/chikaku/kaitei/sgs/detail.html

・大阪府 総務部、咲洲庁舎の安全性等についての検証結果、平成23年 5 月

https://www.pref.osaka.lg.jp/attach/13203/00078593/230624file3-1.pdf

・気象庁ホームページ、津波を予測するしくみ

https://www.data.jma.go.jp/eqev/data/tsunami/ryoteki.html

・東北大学災害科学国際研究所、東京大学地震研究所、富士通研究所プレスリリース、スーパーコンピュータ「富岳」と AI 活用により高解像度でリアルタイムな津波浸水予測を実現、2021年 2 月16日

https://pr.fujitsu.com/jp/news/2021/02/16.html

・富士通ホームページ、AI によるリアルタイム津波浸水予測技術を開発－研究成果が Nature Communications に掲載、2021年 6 月 1 日

https://www.fujitsu.com/jp/about/research/article/202106-ai-tsunami.html

・三菱電機ニュースリリース、「レーダーによる津波多波面検出技術」を開発―連続して到来する津波の波面検知・水位推定により、沿岸地域の防災・減災に貢献、2019年 1 月25日

https://www.mitsubishielectric.co.jp/news/2019/0125-b.html

・防災科学技術研究所ホームページ、地震ハザードステーション（J-SHIS）

https://jwsvm001.bosai.go.jp/map/

・NTT ファシリティーズニュースリリース、AI（人工知能）を活用する超高層建物向けアクティブ制振技術を開発〜長周期地震動に対し従来制振技術よりも大幅に揺れを低減〜、2017年 8 月30日

https://www.ntt-f.co.jp/news/2017/170830.html

・平成23年版 消防白書

https://www.fdma.go.jp/publication/hakusho/h23/

・令和 2 年版 消防白書

https://www.fdma.go.jp/publication/hakusho/r2/

05

06

地震被害を
推定せよ

1 地震被害の推定

　前述した通り、現時点では、地震の発生を予知することは困難だと考えられています。しかし、地震が発生したらすぐに対策をとらなくてはなりません。このため、今までの地震データなどを基に、地震被害を推定するシステムの開発が行われています。地震被害をある程度正確に推定することができれば、その結果を使って地震が起きた際の対策を考えることができます。また、実際に地震が起きた際には、実際に起きた地震データを使って地震被害を推定することが可能になります。

　特に、夜間に地震が発生すると、被害状況の収集と把握が遅れる危険性があります。この際に推定システムがあれば被害状況の推定が可能になり、どのような初動を講ずるべきかの判断に役立てることができます。また、災害発生後も被害状況を把握し、そのデータを実際の被害データとして推定システムに入力すれば、当初の被害推定を補正することが可能になり、より正確な被害状況の推定につながります。

　このような地震被害推定システムとしてよく知られているのは、防災科学技術研究所の「リアルタイム地震被害推定システム（J-RISQ：Japan Real-time Information System for earthQuake）」でしょう。同研究所は、地震ハザードステーション（J-SHIS）の開発において、地震が起きた時の地震の揺れの強さや建物被害の推定手法を開発しています。実際に地震が起きた時は、同研究所、気象庁、地方公共団体などの地震計で観測した震度情報と地盤情報から市区町村ごとの揺れの状況を推定します。

　さらに、昼間／夜間の人口データ、住宅地図を基に作成した建物のデータ（建物の位置、木造・鉄構造・鉄筋コンクリート造という建物の構造、築年数、階数など）をかけ合わせて分析し、一定レベル以上の揺れにどれくらいの人が遭遇した可能性があるか、壊れた建物の数などを推定します。地震が発生するとすぐに J-RISQ のシステムが計算を始め、10〜20分以内に被害推定を出します。この結果は防災関係者が使うだけでなく、同研究所のホームページでも公開されます。

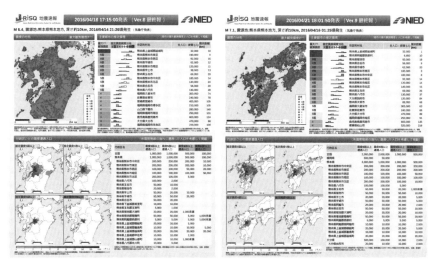

出典：防災科学技術研究所ホームページ

図1　熊本地震の際の J-RISQ 地震速報
（左：2016年4月14日 21:26頃発生の地震、右：同年4月16日 01:25頃発生の地震）

　J-RISQ が実際に使われたのは、2016年4月に起きた熊本地震の時でした。市区町村ごとの揺れの状況や震度遭遇人口、建物全壊棟数分布の推定結果を公表しています（**図1**）。その一例は、「震度6弱以上の曝露人口が約62万人、震度6強以上の曝露人口が約29万人。建物被害推定結果は全壊棟数が約6千〜1万4千棟程度、半壊棟数は約7千〜3万3千棟程度」というものでした。これらの情報は災害対策本部ではもちろん、被害を伝える新聞報道でも活用されました。

　また、同研究所は現地に職員を派遣し、現場ニーズを把握し、さまざまなデータを組み合わせて効果的な災害対応を支援するための情報提供も行いました。例えば、建物全壊棟数分布と避難所状況を組み合わせた要生活支援エリアを抽出した情報や、通水復旧状況と避難所状況を組み合わせた要給水支援避難所情報を提供しています。また、地震の震源分布の時系列変化を抽出して作成した地震の発生状況の変遷を示す情報、避難所における避難者数の時系列変化を抽出し、市区町村ごとの復旧の進み具合の指標として示した情報なども作

成・提供しています。

　J-RISQ は改善が必要です。熊本地震の時に J-RISQ が推定した建物被害の状況と実際の被害の状況を比較すると、J-RISQ の方が実際よりも多くの建物が壊れると推定していました。また、現在、J-RISQ が推定できるのは、地震の揺れによる建物や地震に遭遇した人数の把握のみであり、地震後の津波や地すべりなどによる被害を推定することはできません。

　このため、防災科学技術研究所は、J-RISQ の機能強化に乗り出しています。地震動による被害推定に加え、地すべり被害推定システム、液状化被害推定システムを開発しています。地すべり被害推定システムは、地震にともなう地すべりのハザード・リスク評価に活用することを目標に開発しています。建物の属性や分布情報、推定震度分布の情報、そして地形データなどから算出した地震による地すべり発生可能性を定式化した手法に基づき、地震動を原因とする地すべりによる建物被害を全国一律かつリアルタイムに推定するものです。2020年 2 月から試作版が稼働しています。

　一方、液状化被害推定システムは、過去の地震観測記録および液状化発生地点のデータを用いて開発された液状化発生予測手法を使って、地震動による液状化被害を全国一律かつリアルタイムに推定するものです。2020年 1 月から試作版が運用を開始しています。これらのシステムが正式に運用されるようになれば、ハザード・リスクの評価が一層充実することが期待されます。

　防災科学技術研究所は、民間企業などと協力して J-RISQ で推定した地震被害推定情報の活用範囲を広げる試みにもチャレンジしています。具体的には、2016年度に「ハザード・リスク実験コンソーシアム」を立ち上げ、議論を開始しています。2022年10月時点で41社の参加があり、具体的な活用事例も出てきています。例えば、建設業では、地震の際に建設現場や営業拠点の状況把握や災害対応の優先順位づけに活用、保険業では、迅速な保険金支払いのために災害発生地域への人的資源配置計画の立案や保険金支払総額の試算などに活用、運輸業では被害の全体像を把握し、運行・復旧を検討するなど災害対応能力の向上に活用、などの事例が挙げられます。

　さらに、観測データの詳細化の可能性を探るため、首都圏でモニターを募集し、200か所余りの建物内にスマートフォン地震計を取り付け、地震動データ

の収集を行っています。スマートフォンは加速度センサ、通信機能、電源を備えており、これを地震計として活用するアプリによって、より稠密に揺れデータを収集しました。2017年度から2021年度まで観測実験を行い、「観測結果は有用だが、スマートフォン地震計の稼働状態を保つのが難しい」など、実用化に向けた課題がいくつかあることを明らかにしています。

　J-RISQ のような新しく開発したシステムを普及させる一番の方策は、さまざまな知見を集め、システムをより便利で有用なものに高度化していくこと、そしてそれを促進するためにシステムを活用する者を増やしていくことです。防災科学技術研究所の活動はこの基本に沿ったものです。地震が起こる頻度は多くはないので時間はかかるかもしれませんが、より正確な被害状況の推定のために J-RISQ の改善を着実に進めてほしいと思います。

（2）　個々の建物被害の推定

　自社が建てた建物の被害状況を地震の直後に把握するため、IoT^{注1)} 防災情報システムを開発した会社があります。J-RISQ を運営する防災科学技術研究所の協力を得て、「ロングライフイージス^{注2)}」と呼ばれるシステムを開発した旭化成ホームズ（株）（本社：東京都千代田区）です。2021年7月から東京23区全域で試験運用を開始しています。

注1）IoT：Internet of Things の略。「モノのインターネット」と訳す。身の周りのさまざまなモノに組み込まれたセンサやデバイスなどをネットワークに接続してデータを収集し、得られたデータから新たな価値を創出する仕組みを指す。

注2）ロングライフイージス（LONGLIFE AEDGiS）：AEDGiS は、Asahikasei Earthquake and other disaster Damages Grasp information System の略。イージス（Aegis）は、ギリシア神話に登場する神の防具「アイギス」の英語読み。

　同社は東京都23区内に約4万棟の住宅を供給していますが、ロングライフイージスを使うことによって、地震発生後10分〜2時間程度でそのエリアに建つすべての同社住宅の建物被害レベルや液状化発生状況を推定する予定です。従来のやり方では、交通・通信網などインフラの混乱が続く中で個々の顧客に

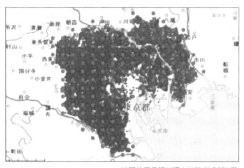

地図使用承認©昭文社第61G074号

- ●…地震計を設置したヘーベルハウス（約2キロ間隔）
- ●…地震計を設置していないヘーベルハウス・メゾン
  （東京23区内：約4万棟）

設置した地震計
MEMS型加速度センサ
LTE通信モジュール
バックアップ電源装備

出典：旭化成ホームズ（株）

図2　ロングライフイージスの地震計の分布と設置した地震計

電話などで個別に連絡をとり、最終的には現地に赴いて万単位の状況調査をしていました。時間と手間がかかるこのやり方を、抜本的に改善しようという試みです。

　具体的には、東京23区内にある同社が建てた住宅から166の住宅を選び、おおよそ2km間隔で無償の地震計を設置し、高密度の地震観測網を構築しています（**図2**）。同時に、50mメッシュ単位のきめ細かな地盤データベースを整備し、地震計から得た情報を基に地盤データを使って50mメッシュという細かな単位で地震動を推定します（**図3**）。この推定にあたっては、防災科学技術研究所のJ-RISQの技術を活用しています。

　この地震動の推定データと同社がもっている個々の建物の地震動に対する応答データをかけ合わせることで、地震発生後10分から2時間程度という迅速さで、建物被害レベルや液状化発生状況を推定することができるのです。ちなみに、ロングライフイージスから得られる高密度な地震動情報は、同社以外の建物や構造物、インフラなどの被害推定にも活用可能です。同社は今後、外部へのデータ提供や協業も視野に入れてビジネスを展開する予定です。

　ロングライフイージスは、J-RISQの予測を2つの点で改善しています。1

出典：旭化成ホームズ（株）

図3　通常の震度情報とロングライフイージスの震度相当値情報の比較
（ロングライフイージスでは、50mメッシュで地震動相当値を推定している）

つめは、地震動の推定単位を250 mメッシュから50mメッシュに細かくした
ことです。この実現のため、J-RISQの20km間隔よりも稠密な約2km間隔
という地震動の観測網を構築しています。また、東京23区内の豊富なボーリ
ングデータなどを活用し、きめ細かな地盤データベースを整備しています。

　2つめは、個々の建物被害の推定に踏み込んだことです。J-RISQでは、市
区町村ごとに全壊・全半壊した建物の棟数などマクロの観点からの建物被害を
リアルタイムに推定することができます。しかし、個々の建物の被害推定には
踏み込んでいません。個々の建物の被害推定に必要なデータをもっていないか
らです。これに対し、旭化成ホームズは、建物の種類別に地震動に対する応答
のシミュレーションデータをもっています。このデータをJ-RISQのデータ
と組み合わせて活用することにより、同社の建てた個々の住宅の地震被害を推
定できるのです。

　このように、個々の建物被害を推定することは極めて重要です。大きな地震
が発生すると、大規模な建物被害が発生します。建物の所有者からは、建物の
中にいても大丈夫なのか、それとも建物から退避した方が良いのかを判断する
ため、早急に建物の安全性を確認したいという要望が出ます。大きな地震が発
生すると多数の被災者が避難所に殺到しますが、短時間で建物の安全確認を行
うことができれば、この数を減らすことにつながります。現在は、この安全確
認を応急危険度判定士など建築の専門家が人手で行っており、迅速な対応が難

06

しいのですが、この作業を大幅に効率化できる可能性があります。

　実際、地震の際には「余震による建物の倒壊は怖いが、混雑する避難所で過ごすのは嫌だ」と感じて車の中で過ごす人が多数います。車の中で寝泊まりする際に怖いのは、突然体調が悪化するエコノミークラス症候群です。若者から高齢者まで年齢に関係なく誰にでも起こる可能性がある病気です。車の中という狭い空間で、食事や水分を十分にとらない状態で窮屈な体勢でじっとしていると、血行不良により血液が固まりやすくなります。血の固まり（血栓）ができて、それが血管の中を流れて肺の血管に詰まると呼吸困難となり、最悪の場合、命を落としてしまいます。このような事態を避けるためにも、住宅の迅速な安全確認が強く求められるのです。

　もちろん、ロングライフイージスによって、どれくらいの信頼度で安全確認が可能なのかについては、実際の地震の際にロングライフイージスの建物被害の推定結果と、実際に建築の専門家が人手で行った被害の確認結果を比較して検証することが必要です。通常、推定精度は推定結果と実際の確認結果の差を見ながらアルゴリズムを改善することによって高まるので、成果を期待したいところです。

　旭化成ホームズは、今後、同社の住宅販売エリアである21都府県（大都市圏、太平洋ベルト地帯、西日本の一部）にシステムを展開する予定です。これにも注目したいと思います。東京23区以外は、J-RISQ の250m メッシュの地震動分布の推定結果と個々の建物の地震動に対する応答のシミュレーションデータに基づき、個々の建物被害を推定します。しかし、東京23区に比べると地盤データのきめが粗いなどの理由で推定精度が落ちるため、現在、この精度向上策を模索しています。

　この実現にはいくつかのアイデアが考えられます。その１つは、他団体が設置している J-RISQ より細かい密度の地震計データを活用することです。スマートフォン地震計のような安価で簡易な計測結果を用いて被害を推定する技術の開発も期待できるかもしれません。監視カメラの映像でも揺れの状態が分かりますが、このような情報から被害が推定できるかもしれません。地盤データの精緻化には、三次元常時微動トモグラフィの結果とボーリングデータとを組み合わせる技術が活用できるかもしれません。

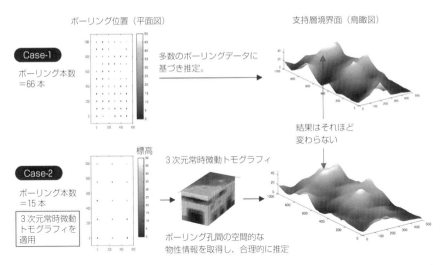

ボーリング位置（平面図）　　　　　　　　支持層境界面（鳥瞰図）

Case-1

ボーリング本数
＝66 本

多数のボーリングデータに
基づき推定。

結果はそれほど
変わらない

Case-2

ボーリング本数
＝15 本

3 次元常時微動
トモグラフィを
適用

標高

3 次元常時微動トモグラフィ

ボーリング孔間の空間的な
物性情報を取得し、合理的に推定

出典：応用地質（株）ホームページ

図 4　「三次元常時微動トモグラフィ」を活用した地盤データの作成

　三次元常時微動トモグラフィでは、微弱な振動を検知するセンサ（地震計）
を地表に多数配置します。そして、交通や経済活動によって生じる微弱な振動
を測定し、地盤内部の伝播特性から地質構造を推定します。地盤を面的に可視
化することができますが、このやり方では誤差が大きくなります。一方、ボー
リングでは地盤の状況が正確に分かりますが、それが分かるのはボーリングし
た地点のみとなります。この 2 つを組み合わせ、ボーリングデータを三次元常
時微動トモグラフィの結果で空間的に補完すれば、少ない数のボーリングで多
数のボーリングをした場合と同様に、信頼性の高い三次元地盤モデルを作成す
ることができます（**図 4**）。

　単位面積あたりの住宅数が少ないので、ロングライフイージスの費用対効果
が低くなる懸念がある点にも留意が必要です。このような費用対効果の問題を
軽減するには、ロングライフイージスを旭化成ホームズが建てた住宅だけで活
用するのではなく、マンションや他の住宅メーカーの住宅などで幅広く活用し
てもらうことが重要です。幸いなことに、現在、住宅やマンションが地震にど
れくらい強いかなどの構造計算は、ソフトウェアで行われるケースが多くなっ
ています。この構造計算のやり方と地震の揺れの強さを組み合わせることがで

きたら、さまざまな住宅に対して建物被害の推定が可能になるものと考えられます。住宅メーカーが住宅の品質保証の一環としてサービスを提供する、あるいは保険会社が火災保険に付随するサービスとして提供するなどの形で、このようなサービスが広がっていくことを期待したいと思います。

【参考文献】

・早川俊彦・本間芳則・浅香雄太、リアルタイム地震情報配信サービス「J-RISQ 地震速報」の開発、三菱スペース・ソフトウェア技術レポート、Vol.27、2017年2月10日
・防災科学技術研究所ホームページ、研究紹介、災害対応事例、中村洋光、発災後10分で被害を推定し配信、AI分析でさらに高精度化目指す
https://www.bosai.go.jp/activity_special/disasterresponse/detail003.html
・中村洋光、リアルタイム地震被害推定システム（J-RISQ）の開発、表面科学、Vol. 37、No. 9、2016
https://www.jstage.jst.go.jp/article/jsssj/37/9/37_457/_pdf
・防災科学技術研究所研究資料第485号、リアルタイム被害推定システムの機能強化および利活用－マルチハザードリスク評価に向けて－、2023年1月
・防災科学技術研究所研究資料第486号、地震動センサークラウドシステムの開発および実証実験、2023年1月
・スマートIoT推進フォーラムホームページ、IoT導入事例、お客様の今を知ることによるレジリエンスの実現 － 旭化成ホームズのIoT防災情報システム LONGLIFE AEDGiS、掲載日：2021年7月5日
https://smartiot-forum.jp/iot-val-team/iot-case/case-hebelhaus
・スマートIoT推進フォーラムホームページ、ここに注目！IoT先進企業訪問記（51）、「あきらめない」から生まれた価値－旭化成ホームズのロングライフイージス、掲載日：2021年7月8日
https://smartiot-forum.jp/iot-val-team/mailmagazine/mailmaga-20210708
・防災科学技術研究所、官民連携による超高密度地震動観測データの収集・整備 理学分野「予測力の向上を目指す」、令和2年度成果報告書
https://forr.bosai.go.jp/sub_b/reports/
・厚生労働省ホームページ、深部静脈血栓症／肺塞栓症（いわゆるエコノミークラス症候群）の予防について
https://www.mhlw.go.jp/stf/seisakunitsuite/bunya/0000121802.html
・応用地質ホームページ、建設事業における地質リスクを可視化～3次元常時微動トモグラフィ～
https://www.oyo.co.jp/services/natural-disaster-prevention-and-mitigation/3d-tremor-tomography/

07

被害状況を迅速に知れ

1 被害状況の把握

　災害時には、迅速で的確な応急対策が強く求められます。そして、これを実現するには、被害の情報を早期に収集・集約して状況を迅速に把握し、関係者に伝えることが不可欠です。このため、政府では内閣府を中心にさまざまな情報を収集・集約し、防災関係者が情報を共有するための情報システムを構築し、運用しています。また、その高度化のための技術開発など、さまざまな取り組みを継続して行っています。

　被害状況については、被災現場からの情報が市町村→都道府県→中央省庁→内閣府という流れで集約され、災害対策本部などでの検討を経て、官邸での意思決定などに利用されるのが基本です。最近では、各種情報システムの発展により被害予測などの情報がリアルタイムにもたらされること、ヘリコプターやドローンからの映像情報の活用が一般化したことにより、迅速な対策を実施することが可能になっています。

　しかし、特に大きな地震の場合は被害が広域化することが多く、被害状況の把握は簡単ではありません。現在は J-RISQ などのように、ある程度の被害予測が可能になっていますし、事前に被害を想定して対応を検討していますが、それでも的確な災害対応を図るためには実際の被害状況を把握することが不可欠です。

　把握することが必要な情報は、次の通り多岐にわたります。

【発災直後】

　・地震の震度分布、津波による浸水区域、地すべりなどの状況（地震の場合）
　・降雨分布、河川の水位や雨量、大雨などの警報、河川氾濫、土石流、がけ崩れなどの状況（大雨の場合）
　・死傷者や負傷者の数、全壊あるいは半壊した家屋の数

【発災から少し経って】

　・避難者数
　・道路の通行止め区間、鉄道の運行状況
　・通信途絶区域、停電区域、ガス供給停止区域

・断水区域

【発災後1〜3日】

　上記の情報に加え、

　・支援の展開状況

　・行方不明者捜索の展開状況

　・避難所で必要な物資の状況

　大きな被害を受けた場合は、行政機関が機能しなくなる、通信が途絶するなどの理由で、被害状況が明らかになるまで時間を要する場合があります。1995年1月17日午前5時46分に起きた阪神・淡路大震災の時がそうでした。その頃、私は郵政省（現在の総務省）に勤務していたのですが、朝一番で、ある外資系企業から次のような電話を受けました。「大阪からですが、大きな地震があったので状況を確認しました。西の方で火の手が上がっています。大災害の可能性があるので、すぐに無線機を集めておいた方が良いでしょう」と言われました。

　ニュース報道では何も伝えていなかったので驚きましたが、すぐに無線機の手配を開始しました。政府が「兵庫県南部地震非常災害対策本部」の設置を決定したのは、同日の10時でした。現在はTwitterやFacebookなどのSNS（ソーシャル・ネットワーキング・サービス）が発達しているので、このような事態が発生する可能性は減っていますが、被害情報が届かず状況が分からない空白域の発生など、何が起こるか分からないのが災害なので、最悪の事態を想定した対応が不可欠です。特に、役場が被災するなどの原因により、市町村が被害状況を発信することができない事態は起こり得ます。

　このような時に頼りになるのが映像情報です。特に、ヘリコプターからの映像情報は、被害の概況を知るのに重要です。このため、ヘリコプターからの映像を災害対策本部や各省庁、都道府県で共有することが可能になっています。

2　ドローンの活用

　被害情報の収集には苦労しますが、この仕組みが従来と大きく変わりつつあります。その1つはドローンの登場です。風が強いと飛行が困難になる場合が

ある、長時間飛行が難しい、通信状況を踏まえた運用が必要、などの制約はありますが、ヘリコプターと違って準備に時間がかからないこと、離着陸に大きな場所を必要としないこと、運行経費が大幅に少なくて済むことなどの利点が認識され、徐々に利用が広がっています。特に重要なのは、災害時だけでなく平常時も有効に活用できることです。日常的にシステムを活用していないと、いざという時に使えない可能性がありますし、何よりも投資した予算を有効に活用することが重要だからです。

その点、ドローンは田畑や山林、道路などの見回りにも使えます。長野県伊那市のように買い物難民を救済するために、注文した商品の配送にドローンを活用している例もあります。送電線や通信線などのインフラの点検・保守などでも活用が始まっています。日常的に使えるシステムを災害時にも活用するのが災害対策の基本です。しかも、ドローンに関しては、地域やコミュニティでも活用することができます。

広域で災害が発生した時に重要なのは、行政が動き出すのを待たずに自分たちでできることを実施することです。災害への対応については、「自助」、「共助」、「公助」が必要と言われています。自助は、自分自身や家族の生命・財産を自らが守ること、共助は、地域やコミュニティの人たちが協力して助け合うこと、そして公助は、地方自治体、消防、警察、自衛隊といった公的機関による救助・援助のことです。公助が本格的に動き出すまでには時間がかかる場合があるので、それまでは自助、共助が必要なのです。

地域やコミュニティでドローンを活用し、被災状況を把握し、その情報を地方自治体と共有するだけでなく、地域やコミュニティで共有し、公的機関の救助・援助が来るまでの間は、自分たちでできる活動を実施します。しかし、これは災害が起こってから急にできることではありません。まずは、地方公共団体と情報を共有する仕組みをつくり、ドローンを操作できる人や団体などと平常時から連絡がとれる体制を構築し、災害時の状況を想定した訓練を行っておくことが不可欠です。

このような取り組みを支援するシステムはいくつかありますが、ここでは東京大学発のベンチャーである（株）リアルグローブ（本社：東京都千代田区）のドローンを使った広範囲の状況把握サービス「Hec-Eye（ヘックアイ）」を

紹介します。Hec-Eye は、ドローンで取得する映像などの各種データやその位置情報、ドローンのパイロットや現地スタッフの位置情報などを地図上でリアルタイムに共有することを可能にするサービスです。しかもクラウドを利用して情報を共有するサービスなので、手軽に導入できます。

　現場情報を収集するために、現場にいる人（例えば、パイロット）のスマートフォンにアプリをインストールします。これで、プロポ（ドローンを制御する装置）に送信される映像がスマートフォン経由で自動的にクラウド上にアップロードされるようになります。また、ドローンの位置、パイロットや現地スタッフの位置も自動的にクラウド上にアップロードされます。本部や各拠点では、クラウドにアクセスすればアップロードされた情報をリアルタイムに地図上で見ることができます（**図1**、**2**）。

　ドローンの眼と地図情報を組み合わせるこの簡単な仕組みで、広範囲の状況が迅速かつ正確に把握可能になります。また、同じ情報を共有したうえで判断や指示を行うことが可能になるので、本部と現場の業務コミュニケーションが円滑になるという大きな効用が生まれます。

　ちなみに、Hec-Eye の「ヘック」は、ギリシア神話に登場する50の頭と100の腕をもつ巨人のヘカトンケイル（Hecatoncheir）から来ています。多数のデバイスの眼で広範な地域の状況をリアルタイムで把握することを可能にするHec-Eye に、100の眼をもつヘカトンケイル並みの活躍を期待し、多くの眼で街を見守るシステムというイメージで命名されました。

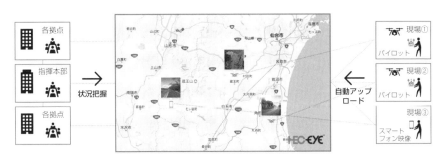

出典：(株) リアルグローブホームページ

図1　ドローンを使った広域状況把握サービス「Hec-Eye」を使った情報伝達

図2　「Hec-Eye」による映像と位置情報の共有イメージ

　災害時のような非常事態では、使い慣れていないものを上手に使いこなすのは困難です。リアルグローブは、このことについても十分に認識し、不法投棄対策や鳥獣害対策、観光空撮のような日常的な用途開拓にも力を入れています。

 ## スマートフォンアプリや SNS などの活用

　被害情報の収集に関連して、もう１つ注目する必要があるものがあります。それはスマートフォンの普及です。総務省の令和３年（2021年）通信利用動向調査によると、2021年におけるスマートフォンの世帯での保有割合は88.6%、個人での保有割合は74.3%となっています。４年前の2017年と比べると、それぞれ13.5ポイントと13.4ポイント増えています。20〜49歳の各年齢層では、このスマートフォンを多くの人がインターネット利用機器として使っており、その割合は約９割となっています（**図3**(a)）。また、Facebook、Twitter、LINE などの SNS を利用する個人の割合も、全体で78.7%に達しています（図3(b)）。

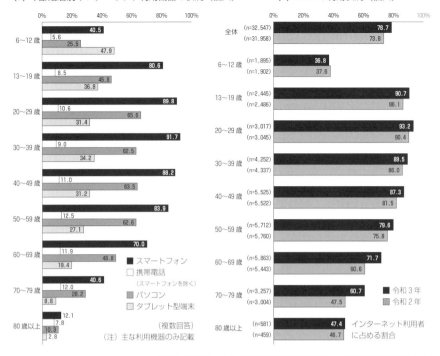

(a) 年齢階層別インターネット利用機器の状況（個人）　(b) SNS の利用状況（個人）

出典：総務省、令和 3 年通信利用動向調査、令和 4 年 5 月27日公表

図 3　インターネット利用機器の状況と SNS の利用状況

　このスマートフォンを被災情報の収集手段として活用する動きが広がっています。まず、企業や大学などが社員や学生・教職員などの安否確認の手段として利用しています。安否確認アプリを使う、LINE などの SNS を使う、メールを使うなどいくつかのやり方はありますが、災害に連動して災害情報と安否確認メールなどを自動的に送信します。安否報告のない人に対してはメールを何回か再送します。より確実な情報伝達手段として、ショートメッセージサービス（SMS）[注1]を使うケースもあります。

注1）SMS：電話番号を宛先にして短い文章を送信・受信するサービス。混んでいる時は受信までにタイムラグが発生する可能性があるメールと異なり、SMS はただちに自動受信され画面に表示されるので、より確実な情報伝達手段であると認識されている。

メールを受信した人は、専用ウェブサイトにアクセスする、あるいは電子メール、SNS などで安否を報告します。必要な場合は、建物やインフラ（電気・ガス・水道）などの被災状況を報告することもできます。この報告をコンピュータが自動的に分かりやすい形に集計してくれます。それをスマートフォンやパソコンで見ることができます。災害発生時直前にいた位置情報を共有することができるアプリもあります。

　普段使っていないシステムは非常時に使えないケースが多々あることを意識して、この安否確認サービスを各種業務連絡や研修実施後のアンケート調査、会合やイベントの出欠確認、貸与品の管理状況調査など、普段から幅広く活用できるように工夫している例もあります。

　一方、Twitter や LINE などの SNS を利用した被災情報の収集についても、2011年の東日本大震災以来、自治体をはじめ報道機関やインフラ関連企業などでいくつかの試みがなされています。さまざまな情報が SNS に書き込まれるので、この情報を分析することで被災状況をある程度把握できます。しかし、SNS の書き込み数は膨大なので、この整理を人手で行うと災害対応機関の負担が重くなってしまいます。このため、データ分析技術や AI を用いることで、被災情報の収集・整理を効率化する技術の開発が進められています。しかし、発信した場所が分からない書き込みが大半で、被災地からの書き込みを分離できないという課題があります。また、救助要請や被災状況の報告などの書き込みが、多くの書き込みの中に埋没してしまうという課題もあります。

　それでも、2019年の台風第19号の際に救助要請を Twitter で投稿するよう呼びかけた長野県のように、SNS を積極的に被災情報の収集に利用しようという自治体が現れています。また、「My City Report」というスマートフォンアプリを活用し、道路管理者が巡回中に道路の損傷をスマートフォンで自動検知する、あるいは市民に「公園のベンチが壊れている」、「街路樹が茂っていて交通標識が見にくい」など、街の困りごとを投稿してもらう取り組みも始まっています。このアプリは災害時にも威力を発揮するものと期待されます。

　LINE などの SNS を活用した、地域での情報共有の取り組みも徐々に広がっています。平時からの支え合いがしっかりしていることが前提ですが、忙しい人が多くなり、スケジュール調整が困難化している状況を考えると、地域

の人的ネットワークを効果的に運用・維持するために、SNS の活用を積極的に進めることが必要な時代になっているように感じます。

　今後、注目される取り組みとしては、対話型の「チャットボット^{注2)}」である「SOCDA^{注3)}」の開発が挙げられます。防災科学技術研究所、情報通信研究機構、（株）ウェザーニューズ（本社：千葉県千葉市）が LINE（株）（本社：東京都新宿区）の協力のもとに機能開発・実証を実施しており、被災情報の収集をさらに効果的なものとすることが目的です。SOCDA では、AI 機能を有するチャットボットが LINE を通して被災者 1 人ひとりと対話をします。災害時には防災関係者はさまざまな対応に忙殺され、被災者に丁寧に向き合う時間はありません。しかし、AI を使えばこれが可能になります。

注2）チャットボット：「チャット（chat）」と「ボット（bot）」を組み合わせた造
　　語。コンピュータに話しかけると AI が応答し、対話することができる。

注3）SOCDA：SOCial-dynamics observation and victims support
　　Dialogue Agent platform for disaster management の略語。ここでは被災
　　者に対応する機能のみを紹介したが、自治体の職員や民間企業の社員などを想定
　　した機能ももっている。例えば、災害が起こった後、出勤が可能かどうかを確認
　　したり、災害情報を投稿することが可能。また、対話機能を利用することで、倒
　　木の報告に対して、道路の通行可能状況や倒木撤去に必要な機材の有無を確かめ
　　るなど災害対応の迅速化につなげることも狙っている。

　具体的には、被災者にハザードマップや付近の避難所の位置など避難に有用な情報を提供するほか、道路の状況や雨風の状況で避難が可能かどうかを判断するなど、避難が終了するまで対話を継続して安全な避難を支援します。コロナ禍に対応するため、健康状態などの確認も行います。そして、対話の中から避難場所、不足物資、被災状況などの情報を自動的に抽出・集約する機能を実現する予定です。

　このシステムは、自治体にとってもメリットがあります。被災対応の問い合わせに対する負荷軽減が図られるだけでなく、被災情報を集約することで、例えば避難所の混雑予測や在宅避難の状況が分かります。この情報は、臨時避難所の開設判断の材料として活用することが考えられます。

　20年前、私たちは被災してもその状況を十分に伝える術をもちませんでした。

07

政府や地方自治体などが調査してくれるのを待つしか手がなかったのです。その頃と比べると現在は状況が大きく変わっています。ドローンを利用して私たちの身近で起こっていることを撮影し、伝えることができるようになりました。また、SNS などの活用により迅速に情報共有ができるようになっただけでなく、積極的に情報を発信することもできるようになりました。

　政府や自治体の災害対応のやり方も変わってくるでしょう。従来は一方的に情報を伝え、警戒や避難を促すことが基本でしたが、AI などの活用により、住民 1 人ひとりに向き合い、個別に対応することが可能になると考えられます。受け身の対応に終始するのではなく、積極的に情報を提供することで、効果的で迅速な災害対策の実現に貢献することが可能な時代に次第に移行しつつあるのです。

【参考文献】

・中央防災会議・防災対策実行会議、第 2 回会合資料、災害情報の収集と分析について、2013 年 8 月 16 日
https://www.bousai.go.jp/kaigirep/chuobou/jikkoukaigi/02/pdf/3.pdf
・スマート IoT 推進フォーラムホームページ、ここに注目！ IoT 先進企業訪問記（25）、ドローンの眼で迅速に状況を把握し地図上に表示－リアルグローブの Hec-Eye、掲載日：2019 年 5 月 24 日
https://smartiot-forum.jp/iot-val-team/mailmagazine/mailmaga-025-20190524
・リアルグローブ「Hec-Eye」ホームページ
https://hec-eye.realglobe.jp
・総務省報道資料、令和 3 年通信利用動向調査の結果、令和 4 年 5 月 27 日
https://www.soumu.go.jp/johotsusintokei/statistics/data/220527_1.pdf
・国家レジリエンス研究推進センターホームページ、避難・緊急活動支援統合システム開発
https://www.bosai.go.jp/nr/nr1.html
・佐藤翔輔、災害時におけるソーシャルメディアの有効性・非有効性、電子情報通信学会誌、Vol.105、No.6、2022
・萩行正嗣・東宏樹・上谷珠視・大竹清敬、災害対応における ICT 活用と防災チャットボット SOCDA、電子情報通信学会、通信ソサイエティマガジン、No.59、2021

08

望ましい避難を
実現せよ

① 避難情報

避難に関連する情報には気象庁が発表するものと、市町村長が発令するものがあります。

表1に避難に関連する情報の種類、そのような情報が出される状況、情報が出された時に居住者などがとるべき行動をまとめたものを示します。

表1　避難に関連する情報ととるべき行動など

避難に関連する情報	情報が出される状況	居住者などがとるべき行動
【警戒レベル1】 早期注意情報 （気象庁が発表）	現在は、気象状況がまだ悪化していないが、数日後までに悪化するおそれがある状況	【災害への心構えを高める】 ・防災気象情報等の最新情報に注意するなど、災害への心構えを高める。
【警戒レベル2】 大雨・洪水・高潮注意報 （気象庁が発表）	大雨・洪水・高潮の気象状況が悪化している状況	【自らの避難行動を確認】 ・ハザードマップなどにより自宅・施設等の災害リスク、指定緊急避難場所や避難経路、避難のタイミングなどを再確認するとともに、避難情報の把握手段を再確認・注意するなど、避難に備え自らの避難行動を確認する。
【警戒レベル3】 高齢者等避難 （市町村長が発令）	災害のおそれがある状況	【危険な場所から高齢者等は避難】 ・避難に時間を要する高齢者や障害のある人、これらの人々の避難を支援する人は、危険な場所から避難（立退き避難または屋内安全確保）する。 ・上記以外の人も必要に応じ、出勤などの外出を控えるなど普段の行動を見あわせ始

		めたり、避難の準備をしたり、自主的に避難するタイミングである。例えば、浸水しやすい土地や土砂災害の危険性がある区域など早めの避難が望ましい場所の居住者などは、このタイミングで自主的に避難することが望ましい。
【警戒レベル4】 避難指示 （市町村長が発令）	災害のおそれが高い状況	【危険な場所から全員避難】 ・危険な場所から全員避難（立退き避難または屋内安全確保）する。
【警戒レベル5】 緊急安全確保 （市町村長が発令）	災害が発生または切迫している状況	【命の危険 ただちに安全確保！】 ・指定緊急避難場所などへの立退き避難することが、かえって危険であると考えられる状況において、まだ危険な場所にいる居住者などに対し、緊急安全確保するよう促す。ただし、災害が発生または切迫している状況なので、身の安全を確保できるとは限らない。

出典：内閣府（防災担当）、避難情報に関するガイドライン（令和4年9月更新）、p.26・表2を基に著者作成

08

　表1の避難に関連する情報のうち、警戒レベル3から5の「高齢者等避難」、「避難指示」、「緊急安全確保」の3つは避難情報と呼ばれており、その発令は市町村長が行うことになっています。そのため、具体的な発令基準の設定、情報伝達手段の確保、防災体制の整備などを平時から行わなければならないことになっています。また、市町村は住民などの1人ひとりが適切な避難行動をとることができるよう、平時から防災知識の普及を図り、災害時には住民などの主体的な避難行動を支援する情報を提供する責務を有しています。

しかし一方で、気象現象の激甚化にともなう突発的な災害や想定外の事態が発生する可能性が高まっていること、広域に被害が発生した場合には救助が間に合わないケースがありうること、市町村が「判断材料が不足している」、「夜間や大雨の中の発令はかえって混乱を招く」などの理由で発令をためらうケースがあることなどを考慮し、人々が「自らの命は自らが守る」という意識をもち、自らの判断で避難行動をとることも必要です。最近、ハザードマップを整備し公表する自治体が増え、これを活用した実践的な避難訓練が行われるケースが増えているので、私たちがほんの少し防災のことを意識するだけで、いざという時の備えが可能になっています。

　市町村長が発令する避難情報は、次のような手段で伝達されます。
　・テレビ放送・ラジオ放送
　・市町村防災行政無線（市町村が防災、応急救助、災害復旧に関する業務に使用することを主な目的として整備している無線局で、避難情報などを屋外拡声器や戸別受信機によって伝える）
　・緊急速報メール（国や地方公共団体が配信する災害・避難情報や気象庁が配信する緊急地震速報、津波警報、気象などに関する特別警報などを特定エリア内の携帯電話利用者に一斉にメールで知らせることができる）
　・広報車や消防団による地域の巡回による直接伝達
　・消防団、自主防災組織、近隣の居住者などからの直接的な声がけ
　・Twitter などの SNS の利用
など

　このように多様な伝達手段が活用されているのは、人によって避難情報を入手する手段が異なるからです。これらの多様な伝達手段を合わせると、多くの人々が気象情報や避難情報を入手しています。例えば、福島県が福島県内13市町において、2019年の台風第19号などによって被害を受けた世帯主を対象に行った調査では、台風接近にともない発表された何かしらの気象警報を見聞きした人は91.3%、何かしらの避難情報を見聞きした人は、80.5%でした。

　情報の主な入手源はテレビですが、その他にもさまざまな媒体が挙げられています（**図1**）。テレビの次に多かったのが「市町村が発信する防災メール（エリアメール）」です。これは、上記の緊急速報メールのことです。スマート

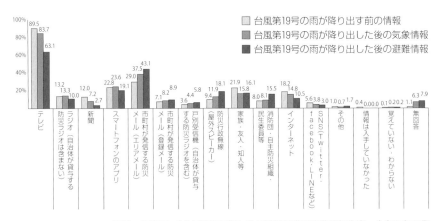

出典：福島県、「台風第19号等」住民避難行動調査業務報告書、令和2年8月

図1　台風第19号の際の気象警報や避難情報の入手源

フォンの普及にともなって、情報入手手段にも変化が生じています。

　テレビやラジオ、そしてインターネット・アプリなどが、災害情報を迅速かつ正確に地域住民などに伝えるのに貢献している仕組みがあります。2011年6月に運用が開始されたLアラート（Local alert）と呼ばれる「災害情報共有システム」です。総務省が普及・利活用を促進し、（一財）マルチメディア振興センター（主たる事務所：東京都港区）がその運営に携わっています。

　Lアラートは、市町村長が発令する避難情報や通信・ガス・電気などのライフライン事業者が発する地域の災害情報など、地域の安全・安心に関するきめ細かな情報を集め、テレビ・ラジオ、ケーブルテレビなどの放送事業者やインターネット事業者などに一括配信しています。情報伝達に人手が入ると、迅速性や正確性が損なわれる可能性があるので、これを情報システムで自動的に届けています。

 なぜ避難しないのか

　気象情報や避難情報の入手が避難行動に結びつけばよいのですが、必ずしもそうではありません。前述の福島県の調査では、台風第19号上陸時の避難に関して「あなたはご自宅が被災する前に避難しましたか」との問いに対し、

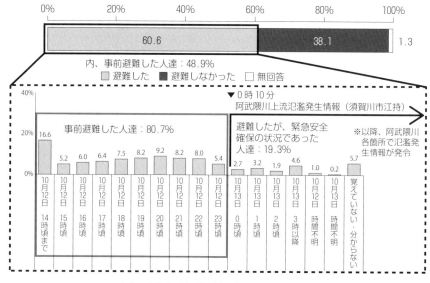

出典：内閣府（防災担当）、令和3年7月からの一連の豪雨災害を踏まえた
避難に関する検討会、第1回資料、令和3年11月2日

図2　2019年10月12日～13日の台風第19号上陸時の避難の状況

60.6％が避難した、38.1％が避難しなかったと答えています。

　台風第19号で大雨警報が発表されたのは10月12日14時9分です。以降各地で次第に雨は強まり、自治体にもよりますが、15～18時頃には避難勧告が、それ以降に避難指示が発令されています[注1]。さらに19時50分から22時にかけて大雨特別警報が発表され、13日の0時10分に阿武隈川上流で氾濫が発生したとの情報が出されています。避難した人のうち19.3％の人が、災害が発生または切迫している緊急安全確保の状況で避難しているのです。発災前に避難行動をとった人は、全体の半分でした（**図2**）。

注1）従来は、警戒レベル4には「避難勧告」と「避難指示（緊急）」の2つがあった。避難勧告で避難しない人が多い中で、警戒レベル4の中に避難勧告と避難指示（緊急）の両方が位置づけられ、分かりにくいとの課題が顕在化したため、2021年5月20日から警戒レベル4の避難勧告と避難指示については「避難指示」に一本化し、これまでの避難勧告のタイミングで避難指示を発令することになった。

災害の危険性がある場合は、事前に安全な場所に避難することが鉄則です。過去の豪雨災害において被害が拡大した要因の1つとして、避難しなかったこと、避難が遅れたことが挙げられています。しかし、避難を実行するのは簡単ではありません。「今まで災害が起こっていないから大丈夫だろう」、「堤防の補強工事をしたから大丈夫だ」、「避難している人は多くないから大丈夫だろう」などと、避難しないことを自分の中で正当化する力が自然と働いてしまうからです。

　このような人の特性は、心理学の用語では「正常性バイアス」や「同調性バイアス」と言います。正常性バイアスは、深刻な事態に直面しているのにそれを異常事態とは受け止めず、正常な日常生活の延長線の出来事として捉えてしまう心理状態のことを指します。一方、同調性バイアスは、自分の行動を自分の周りの多くの人の行動に合わせることで「集団の一員である」という安心感を得ようとする心理状態のことを指します。

　前述の福島県の調査では、自宅が被災する前に避難しなかった理由として、「自宅が被害に遭うとは思わなかったから」が64.8%と、正常性バイアスが働いていることが伺えます。また、「近所の人は誰も避難していなかったから」が17.6%と、同調性バイアスも割合は少ないながらも働いていることが伺えます（**図3**）。

　また、「過去に経験した水害の範囲に収まると思ったから」という回答も33.1%あります。他の災害の事例を見ても、このように自分の経験だけで判断し、それが的確ではないケースが多々あります。ハザードマップでは2mを超える浸水のリスクがある地域にもかかわらず、「自宅にとどまった方が安全だと判断した」という回答や、「避難所が混雑していたので自宅に戻った」などの回答です。近年ではコロナ禍により、もともと不足していた避難所の不足がさらに深刻化しています。避難所に頼れない事態が発生しているのです。友人・知人の家やホテルなど、自治体が開設する避難所以外の避難所を考えておく必要性が高まっています。

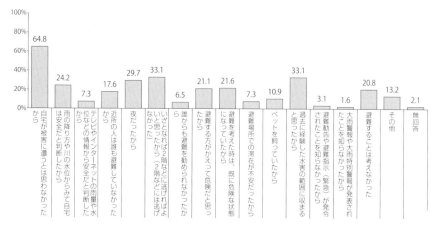

出典：福島県、「台風第19号等」住民避難行動調査業務報告書、令和2年8月

図3　台風第19号の際に避難しなかった理由

 避難行動の実現に向けて

　では、どうしたら適切な避難ができるようになるのでしょうか。人の意識や行動を変えるポイントは次の3つです。

　①　情報の的確な把握：ハザードマップなどで自らがいることが多い場所の災害リスク、過去の災害歴や地域の地理的特徴などを把握します。また、災害の危険がある場合は、最新の気象情報や河川情報などをスマートフォンやパソコンですぐに確認できるよう、防災メールなどに登録する、気象情報や河川情報のサイトを「お気に入り」に登録するなどの対応をとります。この際に、ハザードマップは完全ではないことを理解しておくことも必要です。自然災害が想定外の場所で発生する、あるいは想定外の規模で発生する可能性があります。また、内水氾濫のように、多くのハザードマップが対応していない災害もあります。

　②　避難のタイミングや避難ルートの事前決定：ハザードマップで把握した災害リスクや気象庁や市町村長が出す警戒レベルを踏まえ、災害の種類に応じてどのタイミングで、どのような避難をするのかを事前に決めます。この作業は、できれば家族や近所の住民と一緒に行うことが望まれます。このような共

同作業は、正常性バイアスや同調性バイアスの罠にはまることを防止するために有用です。

　③　事前の避難訓練：避難訓練を行い、安全な避難が可能か確認をします。例えば、避難経路が浸水や土砂災害などに対して安全かどうかを確かめるなどです。やったことがない行動を起こそうとすると、ためらいが生ずる可能性があります。避難訓練で実際に体験しておくと、その防止につながります。

　最近は、避難を実現するため、自治体が「マイ・タイムライン」の作成を促すケースが増えています。また、地域コミュニティで「コミュニティ・タイムライン」を作成するケースも増えています。前者は住民1人ひとりの防災のための行動計画です。後者は地域コミュニティ全体の防災のための行動計画です。いずれも災害時の防災行動を時系列的に整理し、取りまとめます。避難行動のチェックリストとして、また、避難判断の支援ツールとしての活用が期待されています。

　私は、人々の意識や行動を変えるために、データが重要な役割を果たすと考えています。データを分かりやすい情報という形にして、多くの人に災害被害を疑似体験してもらいます。この取り組みは、すでに始まっています。例えば、国土交通省の「浸水ナビ」です。これは、河川の周辺地域で堤防が決壊（破堤）した場合や川の水が堤防などを乗り越えてあふれ出した場合に、浸水域の広がりや浸水深の変化がどうなるかの情報を提供しています。検索のやり方は「河川から」と「地点から」の2通りありますが、河川からを選択すると、その河川の想定破堤点[注2]が表示されます。想定破堤点を選択すると、想定破堤点から河川が氾濫した場合の浸水の広がりをアニメーションで見ることができます。また、指定した地点での浸水の深さの時間変化もアニメーションで見ることができます。

注2）想定破堤点：河川の堤防が決壊すると想定された地点のこと。

　この浸水ナビは次のような課題があり、今後も改善が必要ですが、住民に住んでいる場所の浸水リスクを分かりやすい形で示す良い取り組みです。そして、避難場所や避難経路の検討の際に活用することが可能です。

　①　浸水シミュレーションデータが掲載されている河川が、現段階では一部

の河川に限られている（例えば、シミュレーションの対象となっていない支川から氾濫した場合は、浸水シミュレーションができない）。

②　①とも関連しますが、シミュレーションにおいて堤防が決壊する地点があらかじめ想定されており、想定以外の箇所から水が氾濫した場合のシミュレーションができない。

③　想定外の大雨になった場合、想定より浸水域が広がり、浸水の深さも高くなる可能性がある。

④　現時点では内水氾濫を想定していない。

　私は、このようなシミュレーションをもっとリアルな形で提供すれば、避難行動を実行するうえで大きな役割を果たすと考えています。特に、正常性バイアスに陥（おちい）らないようにするため、より現実に近い形のシミュレーション映像を提供すべきだと考えています。街を三次元デジタル化することが前提ですが、「03」で述べたように、街に水が押し寄せ、家屋が水に浸かるシミュレーション映像によってリスクを身近に実感してもらうことは有効でしょう。

　また、将来的にはバーチャルリアリティ^{注３）}を活用することも十分に考えられるでしょう。現在、建設業ではバーチャルリアリティ空間で建設現場を再現し、高所からの「墜落・転落災害」を疑似体験してもらうことで、どのような行動が危険につながるかを認識させ、これによって安全意識を高める取り組みを試行しています。リアリティがある落下という嫌な体験をすることで、正常性バイアスの払拭を狙っているのです。

注３）バーチャルリアリティ：専用の「HMD（ヘッドマウントディスプレイ）」やゴーグル型の「VRゴーグル」を顔に装着すると、今いる場所とは異なる観光地、スポーツ施設など提示する映像と音響によって、さまざまな光景を見たり、聴いたりすることが可能になる。また、体の動作をセンサでモニタすることにより、体の動きに合わせた映像や音響提示をすることも可能で、その場合は没入感が強くなり、あたかも提示された空間の中にいて行動しているような錯覚が生まれる。

　もう１つ重要なのは、避難行動を起こすかどうか迷っている人の背中を押してあげることです。**図4**は、2020年７月の豪雨で大きな被害を受けた球磨村住民へのアンケート調査の中の１つです。豪雨の際に自宅外への避難を考えたきっかけについて、「雨の降り方が激しかった」が47.7%、「近くの河川が氾濫

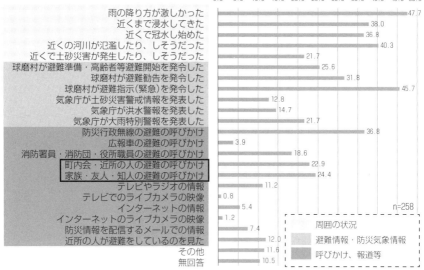

出典：内閣府（防災担当）、令和3年7月からの一連の豪雨災害を踏まえた避難に関する検討会、
第1回資料で引用されている球磨村、環境防災総合政策機構
球磨村住民アンケート 集計・分析結果、令和3年5月

図4　2020年7月豪雨の際に自宅外への避難を考えた「きっかけ」

08

したり、しそうだった」が40.3％など、周辺の状況が一番多くなっています。

　「球磨村が避難指示（緊急）を発令した」が45.7％、「球磨村が避難勧告を発令した」が31.8％など避難情報・防災気象情報も大きな役割を果たしています。それ以外では、「防災行政無線の避難の呼びかけ」が36.8％、「家族・友人・知人の避難の呼びかけ」が24.4％、「町内会・近所の人の避難の呼びかけ」が22.9％と、「呼びかけ」によって背中を押すことも効果があることが分かります。呼びかけのスタイルについても、自治体の長が命令口調で避難を呼びかけ、これが功を奏したケースがあります。

　このように、呼びかけが避難の動機づけになる場合があることから、「逃げなきゃコール」というサービスが提供されています。このサービスは、スマートフォンアプリやSMSで家族や友人・知人の住む地域の防災情報を入手して、離れて暮らす家族や遠方の友人・知人に直接電話をかけて避難を呼びかけるものです。NHK、ヤフー（株）（本社：東京都千代田区）、KDDI（株）（本社：

東京都千代田区）、（株）NTT ドコモ（本社：東京都千代田区）、それに国土交通省が連携して普及活動を実施しています。KDDI の調査によると、2019年の台風第19号の際には、同社から配信された災害・避難情報を確認した後、54%が家族などに連絡をとり、また、連絡を受けた家族などのうち58%が避難行動をとっています。

　繰り返しになりますが、災害の危険性がある場合は、事前に安全な場所に避難することが鉄則です。しかし、正常性バイアスや同調性バイアスなど人の特性により、危なくても避難しないケースが多々あります。このことを考えると、避難を呼びかけることは行動のきっかけとして一定の効果をもっていると考えられます。このような人の避難行動を促すプッシュ型通知をもっと活用してもよいのかもしれません。

 ## 想定外の事態への対応

　ビジネスで使われている意思決定のフレームワークとして、「OODA ループ」と呼ばれるものがあります。Observe（観察）、Orient（状況判断）、Decide（意思決定）、Act（実行）の頭文字をとったものです（**図5**の左図）。不確実性が高まったビジネス環境の中で的確かつ迅速な意思決定・行動を実現し、競争優位を築くための鍵となっています。

　ポイントは、計画や評価を行わないことです。意思決定に必要なデータが、低コストでリアルタイムに収集できるようになっています。また、AI などの活用によって、その分析が迅速にできます。この変化によって、意思決定を迅速に、かつ、確度高くできるようになっていることが認識され、利用が広がっているのです。

　この OODA ループのフレームワークは、アメリカ空軍のジョン・ボイド大佐により提唱されたものです。もともとは軍事行動における指揮官の意思決定に使われていました。その後、この概念の有用性が理解され、現在ではビジネスや政治などさまざまな分野で活用されています。もちろん災害対策にも有用です。ポイントは目の前の差し迫った状況に対応し、最善の手が何かを判断し、意思決定後ただちに実行に移す点です。

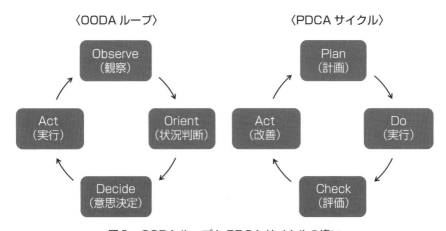

図5　OODA ループと PDCA サイクルの違い

　災害対策では「PDCA サイクル」がよく出てきます。これは、Plan（計画）、Do（実行）、Check（評価）、Act（改善）の頭文字をとったものです（図5の右図）。もともとは品質管理のためのフレームワークで、業務プロセスなどの中で改善を必要とする点を見つけ、その改善のための計画を立てます。計画を実行してその結果を評価し、さらなる改善につなげます。災害対策では、避難行動などの計画を立て、避難訓練でその実行・評価を行い、計画の改善につなげています。

　この PDCA サイクルの問題点は、想定していない事態に対応できないこと、あるいは意思決定のタイミングを逸することです。近年、想定外の災害が頻発するようになっています。計画ではさまざまな事態を想定しますが、漏れが発生することがあります。例えば、大きな河川からの氾濫は想定していたが、大きな河川に流れ込む支川からの氾濫は想定していなかった、河川の上流で想定外の土石流が発生した、思わぬ場所から火の手があがり、予定していた避難ルートや避難場所が使えなくなったなどです。このように、ハザードマップでは想定していないことが、現実には発生する可能性があります。

　このようなケースでは、OODA ループの出番となります。データを見て状況を理解し、かつ、どのような状況なのかを判断し、とるべき行動を決め、ただちに行動に移すのです。ただし、このループを成功裏に活用するには、「危

ない時は、安全な場所に逃げる」などの目標を明確化し、関係者で共有しておくことが必要です。

　この OODA ループにも欠点があります。不十分なデータや誤ったデータを使った時、あるいは状況判断を間違った時は、失敗する確率が高くなります。また、定型的な業務の改善には向いていません。OODA ループを活用する際には、状況を把握するために必要なデータ、そしてデータを基に的確な状況判断を行うことができる知見や経験が必要です。さまざまなデータをリアルタイムに把握し、状況判断を AI が支援する環境が整ってくると、この OODA ループの出番が増えると考えられます。災害対応では、さまざまな状況に直面します。この際に、OODA ループと PDCA サイクルのメリットとデメリットを十分に認識し、使い分けることが重要です。

【参考文献】

・内閣府ホームページ防災情報のページ、避難情報に関するガイドライン（令和 3 年 5 月改定、令和 4 年 9 月更新）
　https://www.bousai.go.jp/oukyu/hinanjouhou/r3_hinanjouhou_guideline/pdf/hinan_guideline.pdf
・福島県、令和元年台風第19号等に関する災害対応検証報告書（令和 2 年 9 月）、「台風第19号等」住民避難行動調査業務報告書、令和 2 年 8 月
　https://www.pref.fukushima.lg.jp/uploaded/attachment/404617.pdf
　https://www.pref.fukushima.lg.jp/uploaded/attachment/404620.pdf
・マルチメディア振興センターホームページ、L アラート
　https://www.fmmc.or.jp/commons/
・国土交通省ホームページ、浸水ナビ
　https://suiboumap.gsi.go.jp
・内閣府（防災担当）、令和 3 年 7 月からの一連の豪雨災害を踏まえた避難に関する検討会、第 1 回説明資料（課題）、令和 3 年11月 2 日
　https://www.bousai.go.jp/fusuigai/r3hinanworking/pdf/dai1kai/shiryo4.pdf

国や自治体
の計画を知れ

09

ここまで、災害のトレンドがどうなっているのか、データの活用によって災害対策がどう進化しているのかを中心に議論してきました。しかし、災害から身を守るには、具体的にどのような災害が起こる可能性があるのか、その被害はどれくらいと想定されているのか、被害の軽減や復旧に向けた計画がどうなっているのか、その課題は何なのかなど、国や自治体の計画を知る必要があります。このニーズに応えるのが防災計画です。ここでは、さまざまな防災計画について概観してみたいと思います。

 防災計画の役割

　日本には国、都道府県、市町村、地区、公共機関などが作成しているたくさんの防災計画があります。この大元となっているのは「災害対策基本法」という法律です。この法律は、

① 　国土や国民の生命、身体および財産を災害から保護するため、防災に関し、基本理念を定めること

② 　国、地方公共団体およびその他の公共機関を通じて必要な体制を確立し、責任の所在を明確にすること

③ 　防災計画の作成、災害予防、災害応急対策、災害復旧および防災に関する財政金融措置その他必要な災害対策の基本を定めることにより、総合的かつ計画的な防災行政の整備および推進を図り、もって社会の秩序の維持と公共の福祉の確保に資すること

を目的としています。

　要は、防災の基本的な理念を定め、防災のための体制と責任を明確化し、さまざまな防災対策の基本を定めているのです。日本では、この法律に基づいて災害対策が実施されています。その1つに防災計画の作成があります。さまざまな組織が防災のための計画を作成し、それに基づく施策を展開することにより、災害による被害の軽減や災害からの早期復旧などを図っています。防災計画には**表1**に示すものがあります。

　これらの防災計画は、我々の危機管理に直結するものです。この中から防災計画に関する全体像を把握するのに有用な防災基本計画、そして、私たちの暮

表1　各種防災計画とその作成主体、規定事項

防災計画の名称	防災計画の作成主体、規定事項
防災基本計画	中央防災会議という国の会議体が定める計画。この会議の構成員は、内閣総理大臣をはじめとするすべての閣僚、指定公共機関の代表者や学識経験者。防災基本計画では、防災の基本理念、防災に関する総合的かつ長期的な計画、指定行政機関や指定公共機関の「防災業務計画」、地方自治体の「地域防災計画」で重点を置くべき事項、あるいはこれらを作成する際の基準となる事項を定めている。
防災業務計画（指定行政機関）	防災業務計画には、指定行政機関の長が定めるものと指定公共機関が定めるものがある。指定行政機関とは、国の行政機関のうち、防災行政上重要な役割をもつ機関として内閣総理大臣が指定している機関で、内閣府、国家公安委員会、総務省、消防庁、厚生労働省、資源エネルギー庁、国土交通省、気象庁、防衛省など25機関が指定されている（2023年4月1日時点）。これらの指定行政機関は、防災基本計画に基づいて、その所掌事務に関する防災に関しとるべき措置、所掌事務に関する地域防災計画の作成の基準となるべき事項を定めている。
防災業務計画（指定公共機関）	指定公共機関とは、公共的機関および公益的事業を営む法人のうち、防災行政上重要な役割を有するものとして内閣総理大臣が指定している機関。防災科学技術研究所、国立病院機構、日本赤十字社、NHK、電力事業者、ガス事業者、交通機関、通信事業者、スーパーやコンビニなどの全国的な小売チェーンなど104機関が指定されている（2023年4月1日時点）。これらの指定公共機関は、防災基本計画に基づき、その業務に関する防災業務計画を作成している。
都道府県地域防災計画	都道府県の防災会議が、防災基本計画に基づいて作成するそれぞれの都道府県に関する地域防災計画。地域にある防災に関係する機関が実施する業務などのほか、災害予防、災害応急対策、災害復旧に関する事項や計画を定めている。都道府県は個々の市町村では対応が難しい災害などに対して、防災対策を実施したり、市町村の防災対策を支援したり、市町村間の連絡調整を行うなどの役割を担っている。
市町村地域防災計画	市町村防災会議あるいは市町村長が、防災基本計画に基づいて作成するそれぞれの市町村に関する地域防災計画。都道府県が定める地域防災計画と同様の事項や計画を定めている。

09

	市町村は、基礎的な地方公共団体として防災対策を実施する責任と義務を負っている。また、市町村地域防災計画では、「地区防災計画」についても定めることができるようになっている。
地区防災計画	市町村内にある地域コミュニティ内の住民や事業者が共同して素案を作成し、市町村防災会議あるいは市町村長に対して、市町村地域防災計画に地区防災計画を定めることを提案することができる。市町村防災会議あるいは市町村は、提案された計画を踏まえて、市町村の地域防災計画に地区防災計画を規定する必要があるかどうかを判断し、必要があると判断した場合には規定することとなっている。地区防災計画には、共同で行う防災訓練、防災活動に必要な物資および資材の備蓄、地区独自のハザードマップや避難計画の作成、避難所運営、災害が発生した場合における地域コミュニティ内の住民等の相互の支援など、当該地区における防災活動に関する計画を、計画の対象範囲やその活動を実施する体制とともに定めることとなっている。
都道府県相互間地域防災計画および市町村相互間地域防災計画	火山災害や大規模地震などのように、複数の都道府県や市町村が共同で対策を実施した方が合理的・効果的な広域的災害に備えるために策定される防災計画。

らしに身近な都道府県地域防災計画と市町村地域防災計画について、その概要を説明しましょう。都道府県地域防災計画と市町村地域防災計画については、自治体の数だけ計画がありますので、代表して東京都と東京都足立区の地域防災計画について紹介します。

 防災基本計画

　防災基本計画は、災害対策基本法の規定に基づき中央防災会議が作成している最上位の計画です。この計画に基づき、指定行政機関および指定公共機関は防災業務計画を、地方公共団体は地域防災計画を作成しています。最近、防災基本計画は、ほぼ毎年のように修正されています。

　日本はさまざまな種類の災害に見舞われています。このため防災基本計画は、

各災害に共通する対策編、地震災害対策編、津波災害対策編、風水害対策編、火山災害対策編、雪害対策編など、災害の種類に応じて講じるべき対策が容易に参照できるような編成になっています。自然災害以外にも、海上災害対策編、航空災害対策編、鉄道災害対策編、道路災害対策編、原子力災害対策編、危険物等災害対策編、大規模な火事災害対策編と、さまざまな災害を想定して対策をまとめています。

　また、それぞれの災害について、①災害予防・事前準備、②災害応急対策、③災害復旧・復興という災害対策の時間的順序に沿って記述しています。例えば、地震対策に関する災害予防・事前準備に関しては、地震に強い国づくり、街づくりとして、建築物やライフラインの耐震性確保の目標など、災害応急対策としては、災害情報の収集・連絡や二次災害の防止活動など、考えられる対策を網羅的に示しています。しかも、それぞれの対策に関し、国、地方公共団体、住民など、各主体の責務を明確にし、それぞれが行うべき対策を可能な限り具体的に記述しています。

　さらに、防災基本計画添付資料には、気候変動の状況、主要活断層の分布、過去の地震・津波被害の状況、これから予想される地震での被害予測がコンパクトに記載されています。また、防災上必要な観測施設や防災関係施設の数、施設の耐震化状況、防災業務に従事する人員、防災に関する国や都道府県の予算の推移、防災計画の策定状況、過去の災害による被害状況など、防災に関する取り組みを大まかに把握するうえで有用なデータがまとめられています。

　国が考えている防災は、身の安全は自らが守るのが基本であり、国民はその自覚をもたなければならないというものです。そして、食料・飲料水等の備蓄など、平常時より災害に対する備えを心がけ、発災時には自らの身の安全を守るよう行動することが重要であるとしています。さらに、災害時には初期消火を行う、近隣の負傷者および避難行動要支援者を助ける、避難場所や避難所で自ら活動する、国・公共機関・地方公共団体等の防災活動に協力するなど、防災への寄与に努めることが求められるとしています。「自助」、「共助」が強く求められているのです。そして、災害による人的被害を軽減するには、避難行動が基本となると述べています。

　また、防災基本計画の風水害対策編では、市町村は、円滑な避難のため自主

防災組織等の地域のコミュニティを活かした避難活動を促進すると述べており、地域コミュニティの活動を意識した箇所もあります。

東京都地域防災計画

　東京都地域防災計画は、他の都道府県地域防災計画と同じように災害対策基本法の規定に基づいて東京都防災会議が作成しています。この会議は、東京都知事を会長とし、指定地方行政機関、指定公共機関、指定地方公共機関、都および区市町村等の職員もしくは代表で構成されています。担当しているのは、東京都地域防災計画の作成、修正、そしてその実施の推進などです。作成した東京都地域防災計画は、震災編、風水害編、火山編、大規模事故編、原子力災害編に分かれています。

（1）震災対応
　東京都地域防災計画の震災編（令和5年修正）の7割程度は、現在、東京都に一番大きな被害を与えると想定されている首都直下地震に関連するものです。地震の被害想定、そして被害を軽減して都市を再生させるために必要な施策ごとに具体的計画を記載しています。

　現在の計画は2022年5月25日に東京都防災会議が公表した「首都直下地震等による東京の被害想定報告書」の被害想定をベースにしています。2012年の被害想定以降10年の間に建築物の耐震化が進展し、例えば住宅の耐震化率が81.2%から92.0%へと10.8ポイント上昇しています。建築物の不燃化も進展し、不燃領域率（整備地域）が58.4%から64.0%へと5.6ポイント上昇しています。一方で、高齢者の人口割合は増加しています。このような変化に加え、最新の知見などを踏まえ被害想定を見直しています。

　新しい被害想定についてその概要を紹介すると、従来と同様にいくつかのケースに分けて行っています。建物や人的被害が一番大きいと想定しているのは、想定した7つの直下地震のうち都心南部直下地震が冬の夕方18時に発生するケースです。焼失棟数を含む建物被害が194,431棟、死者数が6,148人、負傷者数が93,435人、避難者数が最大で約299万人などと想定しています。前回、

建物や人的被害が一番大きいと想定したのは、東京湾北部地震が冬の夕方18時に発生するケースで、震源地が異なるので直接の比較はできませんが、10年前は建物被害が304,300棟、死者数が9,641人、負傷者数が147,611人、避難者数が最大で約339万人だったので、住宅の耐震化や建築物の不燃化などの進展によって、被害が軽減される見込みであることが分かります。

また、新しい被害想定では、ライフラインでは電力の停電率が11.9%、通信の不通回線率が4.0%、上水道の断水率が26.4%、ガスの供給停止率が24.3%などとなっています。同じ地震が昼の12時に発生するケースでは、火災発生件数の減少による建物被害や死者数の想定は減りますが、逆に帰宅困難者は最大で約453万人発生する見込みとなります。

東京都地域防災計画では、被害を軽減して都市を再生させるために必要な「施策」に関しては、次の項目について記述しています。都民と地域の防災力向上、安全な都市づくりの実現、安全な交通ネットワークおよびライフラインなどの確保、津波等対策、広域的な視点からの応急対応力の強化、情報通信の確保、医療救護・保健等対策、帰宅困難者対策、避難者対策、物流・備蓄・輸送対策の推進、放射性物質対策、住民の生活の早期再建です。考えられる項目を網羅しています。そして、それぞれの施策の「具体的な取組」として、現在の到達状況と課題から対策の方向性と到達目標を決め、関係する機関などによる取り組みを予防対策、応急対策、そして必要な場合は復旧対策に区分し、各機関や主体別に詳細にまとめています。

この具体的計画の取りまとめに関しては、自助・共助の重要性を踏まえ、その担い手となる都民、地域、事業所、ボランティアなどによる取り組みについても定めています。例えば、都民と地域の防災力向上に関しては、**表2**に示すような取り組みを都民に求めています。

予防対策として、「建物などの耐震性及び耐火性の確保」、「日頃からの出火の防止」が最初に挙げられているのは、これらの実現が被害の軽減に大きく影響するからです。建物の耐震化率は1981年の新耐震基準を基準にしていますが、これが現在の92%から100%になると、死者数が約2,000人、建物の全壊棟数が約4.9万棟、それぞれ減少すると予想されています。出火防止対策の推進で電気を要因とする出火を現在の8.3%低減から25%低減に拡大し、初期消火率を

表2　防災力向上のために東京都地域防災計画が都民に求めていること

対策の種類	防災力向上のために都民に求めていること
予防対策	・建物などの耐震性および耐火性の確保 ・日頃からの出火の防止 ・消火器、住宅用火災警報器などの住宅用防災機器の準備 ・家具類の転倒・落下・移動防止や窓ガラス等の落下防止 ・ブロック塀の点検補修など、家の外部の安全対策 ・水（1日1人3L目安）、食料、医薬品、携帯ラジオなど非常持出用品や簡易トイレの準備 ・災害が発生した場合の家族の役割分担、避難や連絡方法の確認 ・買い物や片付けなど日頃の暮らしの中でできる災害への備え ・自転車を安全に利用するための、適切な点検整備 ・在宅避難に向けた食品や生活用品を備える日常備蓄の実施（最低3日間分、推奨1週間分） ・保険・共済等の生活再建に向けた事前の備え等の家庭での予防・安全対策 ・都や区市町村が行う防災訓練や防災事業への積極的な参加 ・町会や自治会などが行う、地域の相互協力体制の構築への協力 ・避難行動要支援者がいる家庭における、個別避難計画の作成や「避難行動要支援者名簿」「個別避難計画」情報の避難支援等関係者への事前提供についての同意などの円滑かつ迅速な避難への備え ・災害発生時に備え、避難所、避難場所および避難経路等の確認・点検並びに適切な情報収集方法の確認 ・過去の災害から得られた教訓の伝承等による防災への寄与
応急対策	・発災時には、まず自身と家族の身を守り、次に出火を防止する ・災害情報、避難情報の収集を行い、避難所においては自ら活動する ・地震発生後数日間は、上下水道・ガス・電気・電話等ライフラインをはじめ、食料の供給が途絶える可能性が高いため、当面は、あらかじめ各家庭で準備しておいた食料・水・生活必需品を活用する

現在の36.6%から60%に向上させると、死者数が約1,700人、焼失する建物棟数が約8万棟減少すると予想されています。私たち1人ひとりの対応が積み重なれば、被害が大きく軽減されるのです。

　また、事業者に対しても、さまざまな取り組みを求めています。例えば、帰

宅困難者対策として、従業員などの一斉帰宅を抑制するために施設内における体制整備や3日分を目安とした備蓄の確保、外部の帰宅困難者を受け入れるために10%程度余分な備蓄の検討、企業などにおける施設内待機計画の策定と従業員などへの周知などを求めています。最近、災害時などの緊急事態における事業継続のために事業継続計画（BCP：Business Continuity Planning）を策定する企業が増えていますが、その実行性を担保するには事前の準備や社員への周知が重要になることを踏まえた要請です。

2022年の新しい被害想定で、東京都は帰宅困難者数を最大で約453万人と予想していますが、この数字は携帯電話から得られるデータを利用して算出しています。携帯電話事業者は電話やメールを利用者に届けるために、利用者がどの携帯電話基地局のエリア内に所在するのかを周期的に把握しています。1つの携帯電話基地局は、狭いもので半径数十m、広いもので半径数km程度の範囲をカバーしています。利用者が所在するエリアを把握することができるので、おおよその位置が分かるのです。

NTTドコモは、このデータを顧客のプライバシーを厳重に保護することが可能なモバイル空間統計という形で提供しています。この統計では、地域ごとに所在する人々の数や動きを時間帯ごとに把握することができます。しかも、「性別」、「年代別」、「居住地別」に把握することができます（図1）。これを使って、例えば、昼間に東京の都心に所在する人が、夜にはどこに帰るのかを推計することができます。このデータを災害時の帰宅困難者数の推計に利用しているのです。

図2は、首都直下地震が起きた際に、新宿区内の帰宅困難者の居住地分布をモバイル空間統計で推測した結果です。この帰宅困難者数の情報を基に、食料、飲料水の必要量と備蓄場所の検討、一時滞在施設の必要数の検討、徒歩帰宅ルートの整備やう回路の設定などを進めることができます。

東京都は首都直下地震に備えて、都民、事業者、行政が取り組むべき基本的責務を明記した「東京都帰宅困難者対策条例」を2012年3月に制定し、2013年4月に施行しています。この条例では、一斉帰宅抑制、安否確認及び情報提供、一時滞在施設の確保、帰宅支援などが規定されていますが、この条例の認知度は都民で33.0%、事業者で39.9%と、かんばしくありません。

09

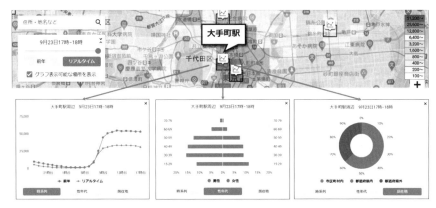

出典：（株）ドコモ・インサイトマーケティング

大手町駅周辺エリアに所在する人々の数の時間帯ごとの推移、それらの人々の性別・年代別の割合、居住地別の割合（この図では市区町村内・都道府県内・都道府県外と大括りになっているが、都道府県のどの市区町村かを判別可能）を把握することができる。

図1　モバイル空間統計で把握することが可能な情報

　このため、東京都は「帰宅困難者対策に関する検討会議」を設置し、今後の帰宅困難者対策の方針を検討しています。平日昼間の東京都区部には多くの人が集まっています。首都直下地震が発生した際に、これらの人々が一斉に帰宅すると危険な混雑が発生します。これを防止するには、発災直後の一斉帰宅を抑制し分散帰宅することが必要です。この検討会議の報告書などを踏まえ、東京都地域防災計画の震災編では、次のような対策の方向性を明示したうえで、到達目標と予防対策・応急対策・復旧対策の段階別に具体的な取り組みを示しています。

　　①　東京都帰宅困難者対策条例に基づく取り組みの周知徹底（従業員の一斉帰宅抑制、３日分の水・食料等の備蓄、駅・大規模集客施設の利用者保護、学校等における児童・生徒等の安全確保など）

　　②　帰宅困難者に対する安否確認や情報提供のための情報通信基盤整備

　　③　一時滞在施設の確保及び運営の支援

　　④　帰宅支援のための対策

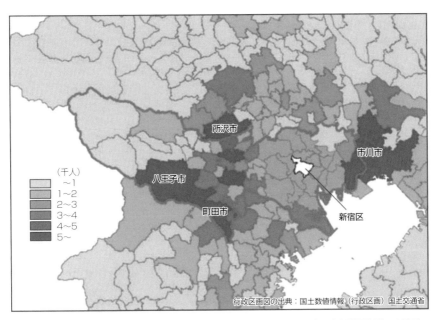

出典：鈴木俊博ほか、モバイル空間統計の防災計画分野への活用、
NTT DoCoMo テクニカル・ジャーナル、Vol.20、No.3、2012年10月

図2　モバイル空間統計で推測した新宿区内の帰宅困難者の居住地分布
（平日15時に首都直下地震発生の場合）

09

（2）風水害対応

　東京都地域防災計画の風水害編（令和3年修正）は、次のような災害による
被害を想定しています。

- ・河川や下水道に大量の雨水が一気に流れ込むことによって生ずる河川の氾
　濫や下水道管からの雨水の吹き出しなど、いわゆる都市型水害と言われて
　いる浸水被害
- ・荒川などの大河川が氾濫した場合に発生の可能性がある広範囲の浸水被害
- ・強い台風の東京湾直撃による高潮被害

など

　防災計画の内容としては、第1部「風水害に強い東京を目指して」では、東
京の概況と今まで起こった災害の概況、河川、港湾、下水道の整備の概要、都、
区市町村や防災機関の役割などを記載しています。

第2部「災害予防計画」では、水害予防のための河川整備や調整池の設置、高潮防御施設、土砂災害防止施設などの整備計画といったハードウェア的な対策、そして河川や下水道の水位、洪水ハザードマップ、高潮防災情報、土砂災害警戒情報などの都民への提供といったソフトウェア的な対策を記載しています。電気、ガス、水道、下水道、通信といったライフライン施設や道路、鉄道などの交通施設、農林水産施設の対策などについても記載しています。

　また、地域防災力の向上として、自助による都民の防災力の向上、地域による共助の推進、事業所による自助・共助の強化、都民・行政・事業所などの連携などに関する取り組みについても記載しています。さらには、ボランティアなどとの連携・協働、防災運動の推進などの取り組みについても記載しています。

　地域防災力の向上では、「都民、事業所等は、「自らの生命は自らが守る」、「自分たちのまちは自分たちで守る」ことを防災の基本として、災害に対する不断の備えを進めるとともに、行政、企業（事業所）、地域（住民）及びボランティア団体等との相互連携や相互支援を強め、災害時に助け合う社会システムの確立に協力する。」とされており、読んでいただくとすぐに分かりますが、自助や共助を強調しています。この考え方は、防災基本計画に示されているものです。

　都民や事業所に求めている具体的な行動は次の通りですが、「災害対策に必要なさまざまな情報はきちんと提供するので、それを確認し適切な避難行動をとってほしい。それを確実に実行するために自治体や地域の取り組みに参加・協力してほしい」との思いが示されているように感じます。

【対都民】
　・「自らの命は自らが守る」という意識を持ち、自らの判断で避難行動をとる
　・早期避難の重要性を理解しておく
　・日頃から天気予報や気象情報などに関心を持ち、よく出される気象注意報等や、被害状況などを覚えておく
　・区市町村で作成するハザードマップなどで自分の住む地域の地理的特徴や住宅の条件等を把握し、適切な対策を講じる

- 水、食料、衣料品、携帯ラジオなど非常持出用品の準備をしておく
- 買い物や片付けなど日頃の暮らしの中でできる災害への備えを実施する
- 災害による道路寸断等で孤立する可能性に備えて、普段から備蓄を心掛ける。特に山間部や島しょ部など孤立化が予想される地域では食料や生活必需品等を多めに備蓄するよう努める
- 台風などが近づいたときの予防対策や、避難時の家族の役割分担をあらかじめ決めておく
- 風水害の予報が出た場合、安全な場所にいる際は避難所に行く必要がなく、むやみな外出を控えたり、又は危険が想定されれば事前に安全な親戚・知人宅等に避難するなど、必要な対策を講じる
- 「東京マイ・タイムライン」等を活用し、避難先・経路や避難のタイミング等、あらかじめ風水害時の防災行動を決めておく
- 都や国がインターネットやスマートフォン等に配信する、雨量、河川水位情報、河川監視画像を確認する
- 気象情報や区市町村の避難情報等をこまめに確認し、適切な避難行動をとる
- 都・区市町村が行う防災訓練や防災事業に積極的に参加する
- 町会・自治会などが行う、地域の相互協力体制の構築に協力する
- 水の流れをせき止めないように、地域ぐるみで側溝の詰まりなどを取り除くなどの対策を協力して行う
- 避難行動要支援者がいる家庭では、区市町村の定める要件に従い、差し支えがない限り、区市町村が作成する「避難行動要支援者名簿」に掲載する名簿情報の避難支援等関係者への提供に同意し、円滑かつ迅速な避難に備える

【対事業所】

- 災害時の企業の果たす役割（生命の安全確保、二次災害の防止、帰宅困難者対策、事業の継続、地域貢献・地域との共生）を果たすため、自らの組織力を活用して次のような対策を図っておくことが必要である
    - ✓ 社屋内外の安全化、防災資器材や水、食料等の非常用物品等の備蓄（従業員の3日分が目安）等、従業員や顧客の安全確保対策、安否

確認体制の整備

- ✓ 災害発生時等に短時間で重要な機能を再開し、事業を継続するための事業継続計画（BCP）を策定し、災害応急対策等に係る車両・資器材等の水没回避等の事前対策の推進
- ✓ 要配慮者利用施設においては、介護保険法関係法令等に基づき自然災害からの避難を含む非常災害に関する具体的計画を作成
- ✓ 東京商工会議所や東京経営者協会など、横断的組織を通じた災害時の地域貢献の促進
- ・水害を想定した自衛消防訓練等の指導を推進し、事業所の自衛消防隊の活動能力の充実、強化を図る

第3部「災害応急・復旧対策計画」では、風水害発生後に都及び防災機関などがとるべき応急・復旧対策として、初動態勢、情報の収集・伝達、水防対策、警備・交通規制、医療救護・保健等対策、避難者対策、物流・備蓄・輸送対策、ごみ処理・トイレの確保及びし尿処理・障害物の除去・災害廃棄物処理、ライフライン施設の応急・復旧対策、公共施設等の応急・復旧対策、応急生活対策、災害救助法の適用、激甚災害の指定について、具体的に取り組みを記載しています。

 # 東京都足立区地域防災計画

ここでは、東京都足立区地域防災計画（令和3年度修正版）の概要を説明します。数多い市町村の中から足立区のものを選んだのは、地域コミュニティ活動の支援に力を入れている自治体の1つだからです。この計画は、他の市町村地域防災計画と同じように災害対策基本法の規定に基づき作成されています。作成しているのは足立区防災会議です。減災の視点で区と防災関係機関、そして区民、事業者などの役割を明らかにし、区民の生命、身体および財産を災害から守ることを目的としています。この計画には、震災編と風水害編、資料編があります。

この計画の特徴は、2012年から区が掲げている「死者をなくす」という目標を達成するため、女性、セクシャルマイノリティのほか、高齢者や障がい者な

どの参画拡大や要配慮者に的確に配慮した防災対策を掲げていること、地域や事業者などと区の連携を重視していることです。荒川、利根川、江戸川などの大きな河川の氾濫により広域に浸水するおそれがあるなど、足立区は東京都の中では災害リスクが高い地域の1つです。困難度が高い目標を達成するにはきめ細かな取り組みが必要不可欠であり、その実現のために後述する地域コミュニティによる地区防災計画の策定推進にも力を入れています。

足立区地域防災計画の震災編は、第1部「総則」、第2部「防災に関する組織と活動内容」、第3部「災害予防計画」、第4部「災害応急対策計画」、第5部「災害復旧計画」、第6部「災害復興計画」、第7部「応急対策に関する足立区全体シナリオ」という構成になっています。

第1部「総則」では、地域防災計画の概要、区・防災関係者・区内事業者、区民の責務等、地震被害の想定、減災目標と対策の方向性を記載しています。一部の地区で建築密度が高く、不燃化率が低いため火災に関する建物の焼失割合が高い、区全域で液状化の危険度が高いなど地盤の関係で建物の全壊・半壊、電力・通信・ガス・上水道・下水道のライフラインに支障を生ずる割合が高い、などの被害想定と「死者をなくす」、「区民生活の早期復興」という基本目標を達成するための対策の方向性を記載しています。

第2部「防災に関する組織と活動内容」では、防災力強化のために区としての指令統制機能を明確化しています。もちろん、これを実効性のあるものにするうえで必要な訓練も、年に数回実施しています。また、発災時における即応態勢などの足立区業務継続計画（BCP）の概要、防災関係機関などとの協力関係を記載しています。

第3部以降は、予防対策・応急対策・復旧対策・復興対策を基本構成とし、それぞれの段階における対策などの取り組みを記載しています。項目については基本的に東京都地域防災計画の項目に沿って整理され、内容については、到達目標を達成するための足立区における取り組みを取りまとめたものとなっています。その中で、地区防災計画との連携、受援（被災時に支援・援助を受けること）など東京都地域防災計画にない項目がある、要配慮者対策や生徒・学童などの項目の特だしがある、などの工夫があります。

地区防災計画との連携が挙げられているのは、住民が主体となって計画を作

成しないと計画は画餅に終わり、円滑な避難が実現できないからです。死者を
なくすという目標を達成するには、住民に「身の安全は自らが守るのが基本」
であることを自覚してもらう必要があります。その重要性とその実現方法を十
分に認識し、その認識をベースとした計画となっているように感じました。

　足立区の具体的な取り組みとしては、例えば、第3部「災害予防計画」の
「安全な災害に強いまちづくり」の項目では、2025年度までに木造住宅密集地
域の不燃領域率70%、2020年度までに防災上重要な公共建築物および緊急輸送
道路の沿道建築物の耐震化100%、「液状化による建物被害に備えるための手
引」に基づく情報提供などの取り組みをまとめています。また、消防水利不足
地域の解消などの到達目標を達成するために、土地区画整理事業の着実な実施、
道路・公園などの整備による避難・延焼遮断空間の確保、密集市街地整備事業
の導入による老朽家屋などの除却・不燃化建築物への建替え誘導や道路・公園
などの地区公共施設の総合的整備、液状化、長周期地震動の対策の強化、消防
水利の整備、防火安全対策などの取り組みをまとめています。

　受援については、災害予防計画では、協定締結自治体や自衛隊などから効率
的・効果的に支援を受け入れるために必要な応援受け入れの手順、役割の分担
や調整、応援に使用する活動拠点などの受入体制をあらかじめ整理し、適切に
実施するための受援体制の整備に関する取り組みを記載しています。そして
「災害応急対策計画」では、受援体制、相互応援協定を締結している自治体以
外の自治体からの受援、都への応援要請、防災関係機関への支援要請と受け入
れ体制、ボランティアの受け入れなどに関する体制、活動手順などを記載して
います。

　一方、足立区地域防災計画の風水害編は、第1部「総則」、第2部「防災に
関する組織と活動内容」、第3部「災害予防計画」、第4部「災害応急対策計
画」、第5部「災害復旧計画」から構成されています。

　第1部「総則」では、地域防災計画の概要、区・防災関係機関・区内事業
者・区民の責務等、風水害被害の想定が記載されています。足立区は、海抜2
m前後の低地で高低差がほとんどない平坦地です。大きな河川の氾濫により広
域に浸水するおそれがあり、かつ、浸水がなかなか引かないという特性をもっ
ています。足立区洪水・内水・高潮ハザードマップ（2022年4月改訂）では、

「荒川氾濫で…区内全域が浸水！ 2週間以上、水が引かない地域も！」と表紙に記載されています。

したがって、内水や中小河川の氾濫に加え、河川堤防の決壊をともなうような大水害などの大規模災害に対する十分な備えと対策が求められる地域です。このため、荒川、中川、利根川、江戸川の4河川が「想定する最大規模降雨によりいずれかの場所から氾濫した場合の最大浸水深」、「水が引くまでの時間」について被害想定をしています。

第2部「防災に関する組織と活動内容」では、風水害時に優先する業務を定めているほかは、震災編と同様な事項を記載しています。第3部以降は、予防対策・応急対策・災害復旧を基本構成とし、それぞれの段階における対策などへの取り組みを記載しています。予防対策としては、要支援者対策、分散避難推進、情報発信、タイムライン作成、自主防災組織の育成、防災ボランティアの育成等のソフトウェア的な対策と施設整備などのハードウェア的な対策を取りまとめています。

一言で「分散避難推進」と書かれていますが、その中に自治体の苦悩が読みとれます。広域に被災すれば多数の避難者が生じ、区の中にある避難所のみでは対応できないからです。渋谷区にある国立オリンピック記念青少年総合センターの利用など都内にある避難所活用などの調整も進めていますが、それでも避難所不足は深刻です。かなりの数の住民が親戚、知人宅などに避難することが実際には不可欠です。

応急対策としては、防災関係機関の活動体制や情報収集・伝達など水害応急対策の活動体制、避難所や避難行動支援に関する事項、道路の障害物除去や交通規制、公共建造物等の被災状況の確認、被災者の救出・救助活動などに関する取り組みを記載しています。災害復旧としては、道路や橋梁などの公共施設の復旧、被災者に対する支援や生活再建などに対する取り組みを記載しています。

足立区地域防災計画は、1000ページ以上の大部なものです。読んでもなかなか頭に入るものではありません。この本を読んでいて気づいた人もいると思いますが、これらの防災計画を実行性のあるものにするには、住民や事業者が災害に関するリスクや、それを軽減する取り組みなどについて理解し、実際に行

動に移すことが不可欠です。災害が激甚化、頻発化する中、災害被害を軽減するためには「自助」、「共助」の取り組みを強化し、「公助」とうまく組み合わせて実行していくことが不可欠な時代になっています。そして、これを可能にするのが、地区防災計画を地域コミュニティの住民などの手で作成するという仕組みです。

【参考文献】

· 平成26年版 防災白書
  https://www.bousai.go.jp/kaigirep/hakusho/h26/
· 内閣府ホームページ、防災情報のページ、防災基本計画
  https://www.bousai.go.jp/taisaku/keikaku/kihon.html
· 東京都防災ホームページ、地域防災計画
  https://www.bousai.metro.tokyo.lg.jp/taisaku/torikumi/1000061/1000903/index.html
· 東京都防災ホームページ、首都直下地震等による東京の被害想定（令和 4 年 5 月25日公表）
  https://www.bousai.metro.tokyo.lg.jp/taisaku/torikumi/1000902/1021571.html
· 鈴木俊博・山下仁・寺田雅之、モバイル空間統計の防災計画分野への活用、NTT DOCOMO テクニカル・ジャーナル、Vol.20、No.3、2012年10月
  https://www.docomo.ne.jp/binary/pdf/corporate/technology/rd/technical_journal/bn/vol20_3/vol20_3_034jp.pdf
· 東京都、帰宅困難者対策に関する検討会議報告書、令和 3 年12月
  https://www.bousai.metro.tokyo.lg.jp/_res/projects/default_project/_page_/001/013/774/2021/2.pdf
· 東京都足立区ホームページ、足立区地域防災計画
  https://www.city.adachi.tokyo.jp/saigai/bosai/bosai/taisaku-bosaikekaku.html
· 東京都足立区ホームページ、足立区洪水・内水・高潮ハザードマップ（令和 4 年 4 月改訂）
  https://www.city.adachi.tokyo.jp/kikaku/bosai/bosai/hazard-map-k.html

自分たちで
防災計画をつくれ

10

地区防災計画以外の防災計画は、行政機関などが中心になって、トップダウンのアプローチで作成したものです。これに対して、地区防災計画は、地域コミュニティに住む住民や、そこで活動する事業所などが共同で素案を作成し、それを市町村の地域防災計画の一部として提案するものです。ボトムアップのアプローチが特徴です。

　ここでは、地区防災計画制度が創設されたいきさつ、地区防災計画の素案がどのような仕組みで作成されるのか、そしてその効用は何なのか、どのように作成するのか、その具体例はどうなっているのか、などについて議論したいと思います。

地区防災計画制度

　地区防災計画作成の法的根拠となる地区防災計画制度が創設されたのは、2013年の災害対策基本法の大幅改正の時です。その伏線となったのは、阪神・淡路大震災と東日本大震災で注目された「自助」、「共助」の活動でした。1995年に発生した阪神・淡路大震災では、地震によって倒壊した家屋から地域コミュニティ住民の手で多くの住民が救出されました。平成26年（2014年）版防災白書が引用している河田惠昭氏の「大規模地震災害による人的被害の予測」によれば、約27,000人が近隣住民などによって救出され、約8,000人が消防、警察、自衛隊に救出されています。8割近い人が共助によって助かったのです。

　大規模災害の際には、多くの異なる場所で同時に救助活動、二次災害防止活動などを実施する必要に迫られます。そのため公的機関のみでは対応が難しくなります。このような「公助」の限界がはっきりする中、自分自身の命を自分で守る「自助」や地域コミュニティの中でお互いに助け合う「共助」の重要性が改めて認識されるようになりました。

　一方、2011年の東日本大震災では、岩手県大槌町のように町の幹部や職員が多数死亡し、本来ならば被災者を支援するはずの行政が機能麻痺に陥りました。逆に、岩手県釜石市の児童・生徒が日頃の防災教育で学習した避難行動を実施し、多くが無事でした。中には、児童・生徒が地域コミュニティの住民を誘って避難したことから、地域全体の避難に貢献した例もありました。ここでも公

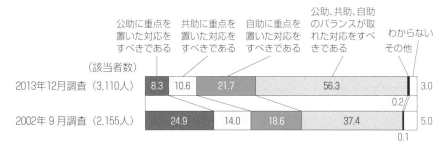

出典：内閣府世論調査、防災に関する世論調査、2013年12月調査

図1　重点を置くべき防災対策（自助、共助、公助）

助の限界が明らかになり、自助と共助の重要性がクローズアップされました。

　阪神・淡路大震災が起こる前までは、災害対策は行政による公助に頼るという考え方が支配的だったのですが、次第に公助だけでなく、自助や共助をバランス良く考えて対応することが重要であるとの認識が高まりました。この結果、地域コミュニティの住民や事業者の共助による防災活動を促進するために災害対策基本法が改正され、地区防災計画制度が導入されました。

　この認識の変化は、2002年9月と2013年12月の内閣府の世論調査の比較で裏づけられます。災害発生時にとるべき対応として最も近いものを聞いたところ、「公助に重点を置いた対応をすべきである」と答えた人の割合は、24.9%から8.3%と16.6ポイント低下しています。一方、「公助、共助、自助のバランスが取れた対応をすべきである」と答えた人の割合は37.4%から56.3%と18.9ポイント増加しています。ちなみに、「共助に重点を置いた対応をすべきである」と答えた人の割合は、14.0%から10.6%へとやや低下、「自助に重点を置いた対応をすべきである」と答えた人の割合は、18.6%から21.7%へとやや増加しています（**図1**）。

　近年、大きな災害が相次いで起きていること、そして災害リスクや防災に関する情報に簡単にアクセスできるようになったことで、人々の防災意識がさらに変化しています。自然災害への対策について、「10年前に行っていたこと」と「最近2、3年で行っていること」を比較した国土交通省の調査結果があります（**表1**）。2021年1月〜2月に全国18歳以上の個人10,000人を対象として、

表1　自然災害への対策として実施していること

項　目	最近2、3年で行っていること（項目を選択した人の割合：%）	10年前に行っていたこと（項目を選択した人の割合：%）
避難訓練への参加・実施	15.4	19.0
ハザードマップや避難場所・経路の確認	37.9	20.0
マイ・タイムライン（被災時に行う自分のための防災計画）の作成	4.5	2.9
防災情報の収集（アプリ、ポータルサイトの活用）	16.6	6.6
震災が起こりにくい場所への転居や、防災のための住宅の改修（耐震化など）	4.8	3.5
家具などの転倒防止	23.7	22.2
食料・水などの備蓄や、非常持ち出しバッグなどの準備	35.8	22.8
自身や家族への災害に関する学習・教育	13.9	8.8
何もしていない	39.5	52.0
その他	0.1	0.1

出典：令和3年版 国土交通白書、第I部第2章第2節第4項「防災に関する国民意識」、図表I-2-2-12・図表I-2-2-13を基に著者作成

インターネットで調査したものです。

　「ハザードマップや避難所・経路の確認」は、20.0%から37.9%へと17.9ポイント、「防災情報の収集（アプリ、ポータルサイトなどの活用）」は、6.6%から16.6%へと10.0ポイント、「食料・水などの備蓄や、非常持ち出しバッグなどの準備」は、22.8%から35.8%へと13.0ポイント上昇しています。逆に、

「何もしていない」と答えた人は、52.0%から39.5%と12.5ポイント減少しています。

　「避難訓練への参加・実施」の割合が減っているのは残念ですが、人々の防災意識が高まっていることが分かります。大雨を中心とする最近の自然災害の激甚化、頻発化を考えると、ハードウェア的な対策だけに頼ることはできません。ソフトウェア的な対策を取り入れ、賢く被害を軽減することが求められます。ここで言うハードウェア的な対策とは、大雨対策で考えると堤防やダム、遊水池などの洪水を防ぐための施設整備のことです。一方、ソフトウェア的な対策は、災害リスクを予想し、いざという時には被害を避けるため安全に避難することなどです。地区防災計画制度は、まさにこのソフトウェア的な対策の要となるものなのです。

　地区防災計画制度では、地域コミュニティに住む住民や、そこで活動する事業所などが共同で地区防災計画の素案を作成し、それを市町村の地域防災計画の一部として提案することができるようになっています。そして、市町村は提案された計画を踏まえて、市町村の地域防災計画に地区防災計画を規定する必要があるかどうかを判断し、必要があると判断した場合には規定することになっています。

　地区防災計画の内容としては、計画の対象範囲、活動体制とともに、防災訓練、物資等の備蓄、地区独自のハザードマップや避難計画の作成、避難所運営、地域コミュニティの住民等の相互支援体制（例：要配慮者の避難支援）など、さまざまな防災活動を含めることができるとされています。地域の大きさや地形、地域の特性、想定される災害などに応じたきめ細かな防災計画の作成が可能です。

 国などの支援

　計画作成を推進するため、国はさまざまな支援を行っています。その１つは、2014年３月に内閣府から出された「地区防災計画ガイドライン」です。このガイドラインは、地域コミュニティの住民などが地区防災計画に対する理解を深め、地区防災計画を実際に作成したり、計画提案を行ったりする際に活用でき

るように、制度の背景、計画の基本的な考え方、計画の内容、計画提案の手続、計画の実践と検証などについて説明しています。また、「地区防災計画ライブラリ」では、市町村の地域防災計画に反映された地区防災計画の本文をライブラリ化し、地区防災計画の内容（対象とした課題、対策、取組主体）別にインデックスをつけて公開しています。

　一方、地区防災計画の作成を支援する地方公共団体の職員向けには、「地区防災計画の素案作成支援ガイド」を作成・公開しています。これは、地区防災計画への理解を深め、地域コミュニティの住民などの取り組みをより効果的に支援できるよう、地区防災計画に関してよく出る疑問に対し、Q&A（問と回答）形式でまとめたものです。豊富な事例付きで、分かりやすくまとめられたガイドです。

　地区防災計画の一番のポイントは、地域コミュニティの人たちが自らの手で素案を作成することです。このため、地域コミュニティがしっかりしていてその活動を取りまとめている方の防災意識が高いところ、市町村が上手にその活動とタイアップしているところなどで計画づくりが進んでいます。全国的に進んでいる自治体と、そうでない自治体とで、はっきりと差が出ています。上記ライブラリへの登録が遅れているケースがあるとは思いますが、東京都では世田谷区で27、足立区で19、国分寺市で6、八王子市で3の地区防災計画が公開されています[注1]（2022年12月18日現在）。

注1）世田谷区のホームページでは27、足立区のホームページでは震災対策編として34、水害対策編として12、国分寺市のホームページでは11、八王子市のホームページでは3の地区防災計画が公開されている。また、国分寺市のホームページでは、策定済で認定待ちのものが3、策定中のものが1あることが報告されている（2022年12月18日現在）。

 作成の効用

　地区防災計画の素案を作成することは、さまざまな効用があります。その大きな効用の1つは、地域コミュニティが直面している災害リスクとそれを軽減するための課題と必要な行動が関係者にしっかりと認識されることです。行動

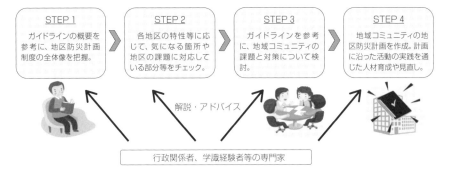

出典：内閣府（防災担当）、地区防災計画ガイドライン、平成26年3月

図2　地区防災計画作成と地区防災計画ガイドラインの活用イメージ

を起こす前提として、最新の知見に基づくより正確な災害リスクの把握は不可欠です。災害の姿がどのようなもので、それがどのような時に起こるのかを正しく理解しなければなりません。また、避難や避難支援などにおけるリスクを軽減する行動は、安全で実行可能なものでなければなりません。議論や調査を重ねる中で、エビデンス（科学的根拠）や最新の知見が集積され、共通認識が醸成されていきます。

　また、地域コミュニティの中に防災活動に通じた人材が育成されることも大きな効用です。地区防災計画は、行政関係者や学識経験者など防災分野の専門家の解説やアドバイスを受けながら、手順を踏んで作成します。そして計画を作成するだけでなく、計画に沿った活動の実践を通じて、いざという時に機能する計画となるよう見直します。この中で人材が育成されるのです（**図2**）。

　例えば、計画素案の作成にあたっては、ハザードマップをチェックします。これにより、災害リスクに対する認識が高まります。また、大雨の時に、ここのがけから石が落ちてきたとか、ここから水が溢れたなど、地区内における被害事象を収集したり、気になる箇所を歩いて確かめたりします。ワークショップの開催や地域コミュニティの中での議論を通し、災害のイメージが具体化し、適切な避難路の設定が難しいなどの地域の課題が浮き彫りになります。さらに、実際の避難訓練などを通し、避難指示が出てからの避難では支援が必要な人が多く、手が回らない可能性があるなど、問題点も浮き彫りになってきます。い

つも浸水が起こるところに浸水センサを設置し、的確な避難のタイミングを逃さない避難スイッチ^{注2）}として使うなどのアイデアが出ることもあります。このようなプロセスを経て、実行性の高い地区防災計画の素案が作成され、計画に沿った実践の中で人材が育成され、実際の災害の際に的確な対応が実行できるのです。

注2）避難スイッチ：京都大学防災研究所の矢守克也教授が提唱した概念で、避難を判断する基準を自分自身、あるいは地域コミュニティであらかじめ決めておく考え方。例えば、「河川水位が３ｍになったら逃げる」、「田んぼが水に浸かり始めたら逃げる」と決めておき、それを避難のきっかけにする。自治体が把握しきれない地区の状況をいち早くつかんで、場合によっては自治体からの発令を待たずに自主的に避難を始めようという考え。

　さらに、行政と地域コミュニティのインタラクションが発生することも効用の１つです。地区防災計画の素案を作成する際には、関係する都道府県や市町村の地域防災計画を参照します。参考となる情報が含まれているからです。行政の支援を受けることもあるでしょう。地域防災計画の記載内容では、実行が難しい事項や追加した方が良い事項を見つけることもあります。これは自治体にとっては貴重な情報です。このように、インタラクションを通じて、地域コミュニティにおいて地域防災計画への理解が深まり、地区防災計画をより広い視点から作成することが可能になります。

　一方、行政の方も地域コミュニティの課題や行動をより身近なものとして捉えることが可能になります。地域防災計画は組織ごとの縦割りで作成されており、実際の活動においては組織間の情報共有などで問題が生じたり、活動に必要なデータが更新されず古いままになっていたり、組織間でもっているデータが異なっている可能性があります。これに対し、地区防災計画に基づく活動は、地域コミュニティの住民にとっては身近でアップツーデートな状況をより反映しており、縦割り行政の隙間を埋める機能を果たす可能性が高いと考えられます。また、何よりも公助と自助、共助の連携がよりしっかりしたものとなり、地域防災計画に記載された取り組みの実行可能性が高まることにつながります。

　地区防災計画の素案作成は、このようにいくつかの効用をもっています。個人的には、情報通信分野出身の人間として、ハザードの確認や火災、水害のシ

ミュレーションなどの際にツールを活用する、地域コミュニティ内の情報共有にSNSを使う、手軽な議論のためにオンライン会議を活用するなど、情報通信技術をできる限り便利に活用してほしいと願っています。

 ## 実際に計画をつくる

　地区防災計画の作成プロセスについては、内閣府（防災担当）「地区防災計画モデル事業報告（平成29年3月）」が参考になります。この報告書では、実際に地区防災計画に取り組んだ多様な事例から得られた教訓・ノウハウなどをまとめています。第一部では、地区防災計画の策定に向けた基本的な考え方やプロセスを、第二部では、普及促進に向けた課題と解決の方向性を整理し、第三部では、まとめにかえて座長（神戸大学の室﨑益輝名誉教授）の提言を掲載しています。

　この報告書に掲載されている地区防災計画作成段階の取り組みプロセス（例）は、**図3**の通りです。

　計画の作成主体や地区の範囲の決定、専門家であるアドバイザー探し、行政機関との連携、災害のリスクや課題の洗い出しなどの「STEP-1計画準備」から始まり、課題の共有、対策の検討、計画骨子の作成、実際の調査や訓練の実施、ワークショップなどによる対策の有効性の検証などの「STEP-2計画骨子作成・実施・検証」を経て、計画素案の作成、継続的に運用していく仕組みづくりなどの「STEP-3計画素案作成・運用」、「STEP-4市区町村への提案」となります。素案を受け取る市町村防災会議あるいは市町村は、提案された計画を踏まえて、市町村の地域防災計画に地区防災計画を規定する必要があるかどうかを判断し、必要があると判断した場合には規定することになっています。

　もちろん、地区防災計画は作成したら終わりではありません。計画をPDCAサイクルで実践・検証し、より良いものにすること、また、活動を継続性のあるものにしていくことも重要です。

　地区防災計画で定める項目は、地域コミュニティの住民や事業所の意向、地域コミュニティの状況や取り巻く環境条件などによって変わると考えられます。

STEP-1　計画準備

まずは、取組みの中心となるヒト集めから。関係者とともにゲームやワークショップを実施して、計画策定のイメージや気運を高める。

☐ **基本的な取組体制を整える　P.11〜**
　(1)主な担い手を決める
　(2)幅広い主体の参画を促し組織化する
　(3)地区の範囲や活動の目的を決める
　(4)アドバイザーやサポーターを探す

☐ **計画づくりに向けた気運を高める　P.15〜**
　(5)市区町村等の関係者と連携する
　(6)計画策定の重要性や防災意識を共有する

クロスロード

防災運動会

避難行動訓練 EVAG

☐ **計画の基礎となるリスクや課題を考える　P.17〜**
　(7)身近なリスクを理解する
　(8)地区の課題を抽出して共有する

避難所運営ゲーム HUG

まち歩き・防災マップ作り

災害図上訓練 DIG

市区町村の役割

・意識調査や説明会の実施
・意識や意欲のある地区から個別に声掛け
・ワークショップツールの提供
・アドバイザーの派遣支援
・サポーターの紹介
・ハザードマップ等の情報提供
・部署間の連携・情報共有

アドバイザーの役割

・計画の重要性や考え方の周知・啓発

サポーターの役割

・サポーターのスキルに合わせて参加、調整、ファシリテーション等

出典：内閣府（防災担当）、地区防災計画モデル事業報告、平成29年3月

図3　地区防災計画作成段階の取り組みプロセス（例）

STEP-2　計画骨子作成・実施・検証

計画策定の準備が整ったら、住民参加型のワークショップ等で課題を共有し、対策を考え、計画骨子にまとめ、訓練等で計画骨子の内容が実態に合うか検証する。

☐ **課題と対策を検討し、計画骨子をまとめる　P.19〜**
(1)課題を共有し、特定する
(2)課題に対する対策を検討する
(3)計画骨子をまとめる

☐ **計画骨子に基づく活動を展開する　P.21〜**
(4)計画骨子に基づく訓練等を企画し、実施する
(5)計画骨子を検証する

要援護者避難支援訓練

STEP-3　計画素案作成・適用

これまでの活動結果をとりまとめて、計画素案を策定する。策定した計画をどのように運用するかも考える。

☐ **計画素案を策定し、運用方法を考える　P.23**
(1)計画素案を策定する
(2)運用に向けた仕組みをつくる

STEP-4　市区町村への提案

策定した計画素案について、市区町村の地域防災計画に盛り込むことを提案する。

☐ **計画素案を提案する　P.24〜**
(1)計画素案を提案する

市区町村の役割

☐ **計画素案への対応**
・計画素案の確認調整
・計画素案を作成した地区へ計画提案を促進
・計画素案を地区町村防災会議に諮る
☐ **他地区への水平展開**
・先行事例の他地区への紹介（セミナーや説明会の実施、HP等での紹介）
・マニュアルやガイドラインの作成

市区町村の役割

アドバイザー、ファシリテーターの派遣支援
ワークショップツールの提供
訓練実施支援
アンケート調査実施支援
行政の役割や災害対策等に関する情報提供
計画骨子／素案の確認調整

アドバイザーの役割

・地区の特性に応じた計画づくりの方法や計画素案への助言

サポーターの役割

・サポーターのスキルに合わせて参加、調整、ファシリテーション等

※ページは報告書の該当ページを示す

アドバイザーの役割

・先行事例の他地区、他市区町村への紹介
・市区町村に対し、計画提案への対応や水平展開に関する助言

10

```
                      △△地区防災計画

  1  計画の対象地区の範囲
     △△市△△町

  2  基本的な考え方
     (1) 基本方針 (目的)
     (2) 活動目標
     (3) 長期的な活動計画

  3  地区の特性
     (1) 自然特性
     (2) 社会特性
     (3) 防災マップ

  4  防災活動の内容
     (1) 防災活動の体制 (班編成)
     (2) 平常時の活動
     (3) 発災直前の活動
     (4) 災害時の活動
     (5) 復旧・復興期の活動
     (6) 市町村等、消防団、各種地域団体、ボランティア等との連携

  5  実践と検証
     (1) 防災訓練の実施・検証
     (2) 防災意識の普及啓発
     (3) 計画の見直し
```

出典：内閣府（防災担当）、地区防災計画ガイドライン、2014年 3 月

図 4　地区防災計画の項目の例（イメージ）

参考に、内閣府（防災担当）「地区防災計画ガイドライン（2014年 3 月）」の付録に記載されている項目を**図 4** に示します。

　計画の内容は地域コミュニティによってさまざまですが、要支援者対策、避難ルール（場所含む）、避難所運営、防災・避難マップ、教育啓発活動の計画、訓練の計画、資機材・備蓄品の確認点検、災害対策本部の役割分担、災害時の情報連絡体制などが、その主なものとなっています。

 地区防災計画の例

ここでは、東京都足立区の「千住大川町西町会 地区防災計画 震災対策編

（2017年3月策定、2020年3月修正）」、「小台町会 地区防災計画（大規模水害を想定したコミュニティタイムライン）（2021年3月）」の概要を説明します。

　足立区のホームページでは、震災対策編として34、水害対策編として12の地区防災計画が公表されています。震災対策編に入っているものでも、水害リスクとその対策を検討しているものがあります。逆に、水害対策編に入っているものでも、地震リスクとその対策を検討しているものがあります。それぞれの地区防災計画は記載事項や内容に若干の違いはありますが、年度ごとに検討方法や記載事項や方法は、ほぼ統一されています。そしてその内容を見ると、災害リスクが高い町会や自治会を対象に地区防災計画の作成を働きかけ、作成にあたってもしっかりと支援を行っている足立区の熱意を感じさせるものとなっています。

　計画をつくったら、次はそれを継続的に使えるようにすることが求められます。現場での取り組みは、まだまだ続くことでしょう。

（1）足立区千住大川町西町会：地区防災計画

　千住大川町がある千住地区は、東京23区の最北端に位置する足立区の南部にあります。街の北側は荒川に面し、南の方には隅田川が流れていて地盤が悪いこと、住居が密集し建築密度が高く、震災時の消火活動困難度も高いことから、首都直下地震では大きな被害を受ける可能性があると想定されています。

　実際に街を歩いてみると、区と連携して道路幅の拡張や街の一角を公園化するなど、避難の容易化や延焼防止対策に取り組んでいることが分かります。また、耐震や耐火を考慮して建て替えを行ったのか、比較的新しい建物が目立ちます。掲示されていた「千住西地区 まちづくりニュース」を読むと、「燃えにくいまちづくりが進んでいます！」とあり、街の燃えにくさを示す指標である不燃領域率が2017年の52.9％から2021年には57.8％へと4.9ポイント上昇したと書かれていました。この数値が60％を超えると、市街地の焼失の危険性はほとんどなくなると言われており、2017年に地区防災計画を策定して以降、街の不燃化対策が進んでいることが伺えました。

　千住大川町西町会の地区防災計画 震災対策編は、「地区防災計画の策定について」、「地区特性の把握」、「被害想定」、「防災まち歩き」、「災害時の応急対応

シナリオ」、「地区の特徴的な取り組み」、「事前対策と体制づくり」、「実践と検証」、「今後の取り組み」の全部で9つの章からなっています。

「地区防災計画の策定について」では、地区防災計画の位置づけと目的、計画の策定方法と経緯、計画の点検・見直しなどについて記載しています。なお、検討にあたっては、区とコンサルタントの支援を受け、近くの千住大川町東町会、千住大川町南町会、千住元町町会、千住寿町南町会と一緒に行っています。

「地区特性の把握」では、軟弱な粘土やシルトが厚く分布している盛土地・埋立地（荒川氾濫低地）であり、地震時には揺れやすいとされていること、幅員4.0m未満の道路が多く消防活動困難区域が半分程度あること、地区のほとんどの建物が防火造、耐火造、準耐火造の建物で、木造は少ない状況であること、などが記載されています。

「被害想定」では、首都直下地震が起きた際の被害想定として震度6強の揺れが想定されていること、東京都の「地震に関する地域危険度測定調査報告書（第8回）」（2018年（平成30年）2月公表）によれば、危険度は最も高い「ランク5」の地域であることなどが記載されています。

「防災まち歩き」では、街歩きの前に防災課題を整理するとともに、延焼シミュレーションという手法で火災延焼について勉強し、しっかりと準備をしたことが分かります。この結果、千住大川町西町会は、発災48時間後の焼失率が40〜77%（1,000回のシミュレーションで401〜766回焼失）にのぼり、大変燃えやすい街であることが分かっています。その後、街歩きを実施し、「全体的に道がせまく、植木が置いてあったり、自転車が停まったりしていると通れないところもある、危ない」などの課題を抽出し、「道路にものを置かないように住民の意識改革、啓蒙・啓発」などの対応策をまとめ、記載しています。発見した課題をマップの上に書き込んだ図も計画に盛り込んでいます。

「災害時の応急対応シナリオ」では、話し合ってきた結果を時間の流れ（発災から72時間まで）に沿って災害時の応急対応シナリオとして自助、共助に分けて整理しています（**図5**）。

「地区の特徴的な取り組み」では、取り組みテーマとして、①建物倒壊、火災延焼、そして避難、②要配慮者の避難、③避難とその後の避難所運営の3つのテーマを、一緒に検討した他の町会と分担して検討しています。千住大川町

西町会は、①建物倒壊、火災延焼、そして避難について検討し、地区での対応策、対応に必要な地区の体制、事前にできる準備について取り組み内容を抽出しています。

「事前対策と体制づくり」では、自助と共助に分けて事前対策のチェックリストを作成し、記載しています。また、地区防災の体制についても検討し、記載しています。

「実践と検証」では、計画に基づいた防災訓練を毎年行い、防災訓練の結果について区職員などを交えて検証を行い、課題を把握して活動を改善する、という実践と検証の PDCA サイクルを回すことを記載しています。

「今後の取り組み」では、

① 町会内での防災体制づくり

② 避難訓練に参加しない若い人が参加しやすい町会での防災訓練の内容の検討

③ 要配慮者への連絡網の作成や避難の支援方法の検討

④ 現在一時集合場所となっている千住公園は道が狭くて危なく、第一次避難所である千寿双葉小学校への通路確保が難しいため、荒川南岸・河川敷緑地一帯を新たな一時集合場所とすること

を今後の検討事項として記載しています。

街を歩いてみて感じたのは、建物の不燃化対策や道路・公園などの整備による避難・延焼遮断空間の確保など、足立区が地域防災計画で掲げている具体的な取り組みが進んでいることです。地区防災計画の策定を通して地区の課題が明確になり、災害対策に対する地区住民の意識が高まったことが、このような対策の推進に大きく貢献しているように感じました。

（2）足立区小台町会：地区防災計画

小台町は、足立区南部の荒川右岸の堤防と隅田川の間の細長い土地に位置します（図6）。過去に荒川が氾濫したこともあり、台風や大雨の際には洪水の危険性が非常に高い地区です。街を歩いた時は、洪水被害を軽減するために荒川右岸小台一丁目地区高規格堤防工事が行われている最中でした。高規格堤防はスーパー堤防とも称され、堤防の高さの約30倍の幅をもつ堤防です。堤防の

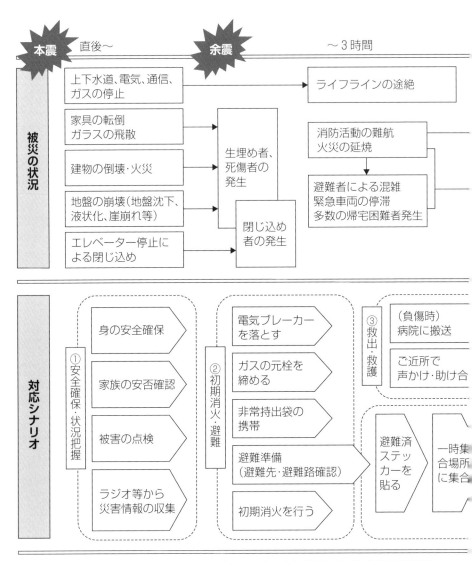

出典：千住大川町西町会、地区防災計画、震災対策編（平成29年（2017年）3月策定、令和2年（2020年）3月修正）

図5　千住大川町西町会の震災時の応急対応シナリオ　自助（発災から72時間まで）

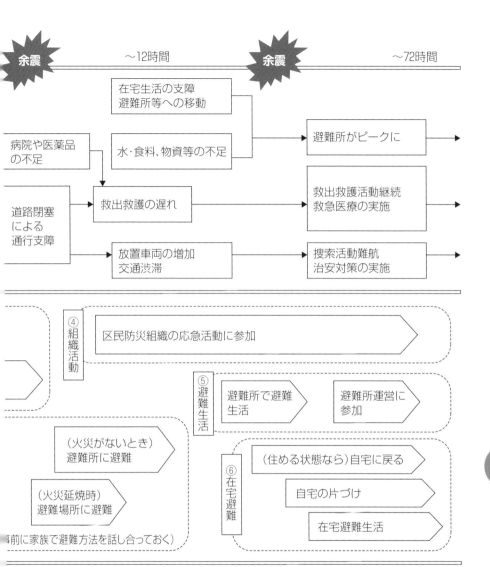

余震　　　〜12時間　　　余震　　　〜72時間

在宅生活の支障
避難所等への移動

病院や医薬品
の不足

水・食料、物資等の不足

避難所がピークに

道路閉塞
による
通行支障

救出救護の遅れ

救出救護活動継続
救急医療の実施

放置車両の増加
交通渋滞

捜索活動難航
治安対策の実施

④組織活動　区民防災組織の応急活動に参加

⑤避難生活　避難所で避難生活　避難所運営に参加

（火災がないとき）避難所に避難

⑥在宅避難　（住める状態なら）自宅に戻る

（火災延焼時）避難場所に避難

自宅の片づけ

（事前に家族で避難方法を話し合っておく）

在宅避難生活

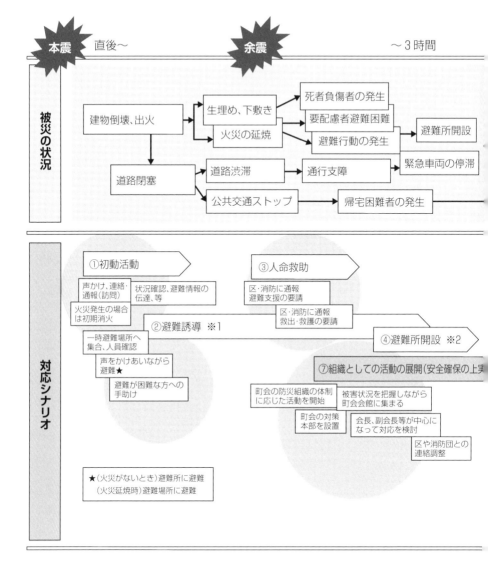

※1 避難誘導：密集市街地では、同時多発火災や火災延焼の可能性を想定し、事前に「消火活動」や「避難方針」「避難誘導」「要配慮者の避難支援」等の対策を検討しておくことが重要です。避難時は、道路の状況を迅速に把握し、安全な避難路を選びます。

※2 避難所開設・運営：避難にあたっては「避難所の開設・運営」が必要になります。足立区地域防災計画では地域住民の代表である避難所運営本部長もしくは代理者が避難所を開設することができます。避難所ごとに地区住民、区、学校等で避難所運営委員会を設置して、避難所の運営を行います。

図5のつづき　共助（発災から72時間まで）

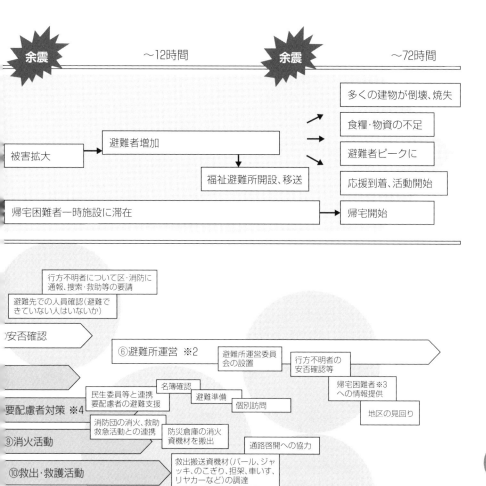

余震　～12時間　余震　～72時間

多くの建物が倒壊、焼失

食糧・物資の不足

被害拡大　→　避難者増加　→　避難者ピークに

福祉避難所開設、移送　→　応援到着、活動開始

帰宅困難者一時施設に滞在　→　帰宅開始

行方不明者について区・消防に
通報、捜索・救助等の要請

避難先での人員確認（避難で
きていない人はいないか）

）安否確認

⑥避難所運営　※2　　避難所運営委員
会の設置　　行方不明者の
安否確認等

名簿確認　　　　　帰宅困難者※3
への情報提供

民生委員等と連携
要配慮者の避難支援　避難準備

要配慮者対策　※4　　　　　個別訪問　　地区の見回り

消防団の消火、救助
救急活動との連携　防災倉庫の消火
資機材を搬出

⑨消火活動

通路啓開への協力

救出搬送資機材（バール、ジャ
ッキ、のこぎり、担架、車いす、
リヤカーなど）の調達

⑩救出・救護活動

病院等に問合せ

傷病者の受け入れ
可否を確認

⑪病院や福祉避難所※5への搬送

若者や有資格者（看護師、介護
士等）に搬送協力を要請

10

※3　帰宅困難者の誘導：地域の避難所に帰宅困難者が押し寄せたときは、帰宅困難者一時
　　滞在施設に関する情報提供や誘導を行うようにします。
※4　要配慮者支援：区が作成する「避難行動要支援者名簿」は、区内管轄の警察署・消防
　　署・消防団・民生・児童委員に提供されます。
※5　福祉避難所：足立区地域防災計画では、要配慮者を第一次避難所で受け入れた後、第
　　二次避難所（福祉避難所）に搬送することになっています。

図6　荒川と隅田川に挟まれた小台地区の街並み
（荒川右岸の堤防と隅田川の間の細長い土地に小台町が位置する）

高さに合わせ市街地側を盛土し、造成します。従来の堤防とは異なり、堤防の上に家を建てるなどの土地利用ができる点が特徴です。

　小台町会の地区防災計画は、「地区防災計画とは」、「地区特性」、「水害時の対応シナリオ」、「小台町会における平時の備え」の4つの章と「様式・資料編」からなっています。

　「地区防災計画とは」では、①自助・共助による地域防災力を向上させることにより大規模水害時の被害軽減など地区防災計画の目的と位置づけ、②対象は水害であり範囲は小台町会であるなど、地区防災計画の対象、範囲など、③地区防災計画の構成、④計画に基づいた防災訓練を毎年行い、防災訓練の結果について区職員等を交えて検証を行い、課題を把握して活動を改善する、という実践と検証について記載しています。

　「地区特性」では、地区の地形、人口・世帯数の推移、高齢化の状況、用途別・構造別・階数別の建物現況、道路の状況といった地区の状況や水害、地震の被害想定について記載しています。水害の被害想定は、足立区洪水ハザードマップを引用しています。最大5m以上の浸水が想定されること、川沿いは早期立退き避難が必要な区域となっていること、2週間以上浸水が継続すると想定されていることが記載されています（図7）。

　地震の被害想定は、首都直下地震によるものを記載しています。震度6強の揺れが想定されていること、東京都「地震に関する地域危険度測定調査報告書（第8回、平成30年2月公表）」の総合危険度が4と2になっていること（都内5,177町丁目の中で総合危険度が、小台二丁目は357位、小台一丁目は2,340

〈最大浸水深〉

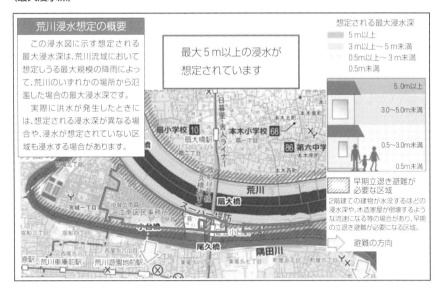

荒川浸水想定の概要

この浸水図に示す想定される最大浸水深は、荒川流域において想定しうる最大規模の降雨によって、荒川のいずれかの場所から氾濫した場合の最大浸水深です。

実際に洪水が発生したときには、想定される浸水深が異なる場合や、浸水が想定されていない区域も浸水する場合があります。

最大5m以上の浸水が想定されています

想定される最大浸水深
- 5m以上
- 3m以上～5m未満
- 0.5m以上～3m未満
- 0.5m未満

5.0m以上

3.0～5.0m未満

0.5～3.0m未満

0.5m未満

早期立退き避難が必要な区域
2階建ての建物が水没するほどの浸水深や、木造家屋が倒壊するような流速になる等の場合があり、早期の立退き避難が必要になる区域。

避難の方向

〈浸水継続時間〉

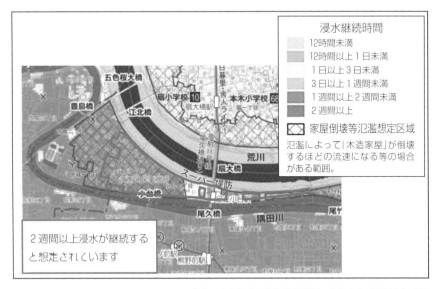

浸水継続時間
- 12時間未満
- 12時間以上1日未満
- 1日以上3日未満
- 3日以上1週間未満
- 1週間以上2週間未満
- 2週間以上

家屋倒壊等氾濫想定区域
氾濫によって「木造家屋」が倒壊するほどの流速になる等の場合がある範囲。

2週間以上浸水が継続すると想定されています

10

出典：小台町会、地区防災計画、令和3年（2021年）3月

図7　足立区小台町の洪水ハザードマップ

小台町会コミュニティタイムライン

■町会の方針

基本的な考え方
- ●人命を守る。
- ●隣どうしで声かけあう。
- ●高齢者、近所、知人等に声をかける。
- ●各ブロック長にハンドマイクを常時置く。

普段からやっておくこと
- ●町会組織の中に防災部を作ろう。
- ●浸水しない避難場所に何人入れるか事前調査を行い広報をする。
- ●個人で安全な場所を確保しておく。
- ●コロナ後に要支援者を訪問し、支援の程度を聞く。
- ●危険時には町会役員が手持ちのサイレンを鳴らす。
- ●町会の班毎に協力する。

■洪水時の行動

	きっかけ情報	町会がすること	個人ですること
ステージ1 3日前 行動の準備	・台風の首都圏への接近が予想される場合 （テレビなどの台風情報）	**縁故等避難の準備** □要支援者名簿の準備（区民事務所）区→町会 □町会の役員が分担して電話・訪問（班長）を行う。	□できることを申し出る。 □非浸水地区へ避難の受入れ要請 □身近な人と連絡を取り合う。 □避難情報を聞く。
ステージ2 2日前 行動の開始	・台風による首都圏への影響が予想される場合 （テレビなどの台風情報） ・気象庁の緊急会見	**縁故等避難の開始・要支援者へ避難の呼びかけ** □避難準備を呼びかける回覧をまわす。 □要支援者名簿の準備（役所の方？町会の有志） □要支援者へ訪問 □担当係を決めて担当 □町会役員がハンドマイクで声をかける。	□目の不自由な方は明るいうちに避難する。 □足の悪い人は早めに避難する。
ステージ3 1日前 早期避難 （高齢者等避難開始）	・避難所の開設予告 ・計画運休の予告 ・避難準備・高齢者等避難開始の発令	**高齢者等の要支援者は避難開始** □会長が呼びかける。 □人命第一で各ブロックに連絡する。 □理事で助け合いを行い、民生委員、町会、消防団で協力して避難支援する。 □単身高齢世帯の向こう3軒両隣で町会役員に声掛け	
ステージ4 12時間前 避難実施	・大雨・洪水警報の発表 ・氾濫注意情報の発表 ・避難勧告の発令	**風雨が強くなる前に避難開始** □町会の会報で水害電話連絡載せる。	
ステージ5 6時間前 避難の徹底 0時間 避難の継続	・氾濫警戒情報の発表 ・足立区へ台風の最接近（台風通過後の水位上昇） ・氾濫危険情報の発表 ・氾濫発生情報の発表 ・避難指示（緊急）の発令	**避難場所から離れない、戻らないを徹底** □避難済か最終確認する。	

出典：小台町会、地区防災計画、令和3年（2021年）3月

図8　小台町会の水害予想時のコミュニティタイムライン

位）が記載されています。

「水害時の対応シナリオ」では、足立区洪水ハザードマップで自宅の浸水リスクを確認し、リスクに応じて在宅避難、縁故等避難、避難所への避難を検討するよう促すとともに、避難所でのルールについて記載しています。また、水害が予想される場合の対応シナリオ、避難所を示す防災マップ、小台町会コミュニティタイムライン（**図8**）を記載しています。コミュニティタイムラインの検討は、宮城町会、宮城第三団地自治会、尾久橋スカイハイツ自治会、ラ・セーヌ小台自治会、ライオンズマンション荒川遊園アクアステージ自治会と合同で実施し、住民アンケートも行っています。

「小台町会における平時の備え」では、災害時の備えを事前にチェックできるよう、自助と共助に分けて事前対策をチェックリスト化しています。また、情報収集方法の確認、非常持出品や備蓄の準備、防災訓練、活動体制の整備、要支援者の連絡・支援体制の準備、コミュニティタイムラインの検討という日頃の取り組みについて記載しています。

「様式・資料編」では、防災に必要な様式集、そして、スマートフォン用防災アプリ「足立区防災ナビ」、「A-メール」（足立区メール配信サービス）、「あだち安心電話」、「防災無線のテレホン案内」、「足立区 LINE 公式アカウント」、「地点別浸水シミュレーション検索システム（浸水ナビ）」を資料として掲載しています。

 6　住民主体の防災活動を推進しよう

地区防災計画学会は、一般の学会とは異なり、多くの地域コミュニティ住民が参加されており、産学官民からなるユニークな組織です。住民の方々が参加しているのは、この学会が「地区防災計画制度」を普及させるために発足したからです。

同学会を設立するきっかけとなったのは、2014年3月に内閣府から出された「地区防災計画ガイドライン」です。ガイドラインの作成にあたっては、地域住民、事業者、学識経験者、行政関係者など産学官民の多数の関係者が協力しました。この作業の中で、関係者が地区防災計画制度に関するノウハウを交換

する、あるいは先進事例について理解を深めるような「場」がほしいという要望が多数ありました。そこで、地区防災計画にかかわる普及啓発、調査研究などを行い、地域防災力の向上や地域コミュニティの活性化、街づくりなどに資することを目的として、2014年6月に同学会が設立されました。

　同学会は、地域住民・事業者主体の防災活動を推進していくため、年3回程度、地区防災計画の専門誌『C＋Bousai』を発行しています。また、大会やシンポジウムなどのイベントを開催しています。C＋Bousai の「C」は、Community に加え、協力・連携を表わす Cooperation、Collaboration、継続を表わす Continuity の意味があります。市民（Citizen）や事業者（Company）が Community を支えているという思いも込められています。つまり、防災活動を地域住民、事業者、行政、ボランティア、NPO など多様な主体が一体となって取り組むことで、住民の命、生活、そしてコミュニティを守りつつ、地域全体を活性化させていく「＋」の街づくりにつなげることを示しています。

　一方、大会やシンポジウムにおいては、地域コミュニティにおける地区防災計画の策定に関する実践の状況、その課題の分析や解決策の提示などが報告され議論されます。多くの地域コミュニティが悩んでいる事項、例えば、的確な避難タイミングの設定やコロナ禍における避難所運営などに関する知見が交換されます。「避難所で三密を回避するのは無理なので、分散避難が不可欠」など本音の議論が行われることもあります。「地区防災計画の策定は、街づくりの一環として実施すべき」など実践に基づいた有益なアドバイスを得ることもできます。

　さらに、2021年11月からは note というウェブサイトを活用して「地区防災計画チャンネル」を開設し、地域コミュニティの防災活動を応援する情報の発信を行っています（**図9**）。また、2015年2月から Facebook に「地区防災計画学会」のページを開設しています。コミュニケーションを活性化させるツールとして、ホームページや SNS の活用が一層進展しており、地区防災計画学会もさまざまな媒体を活用しながら活動を行っています。

　ちなみに、note の地区防災計画チャンネルと Facebook の地区防災計画学会のページへのリンクは、それぞれ次の通りです。

地区防災計画チャンネル
地域コミュニティの防災活動を応援するチャンネル

出典：地区防災計画チャンネル、2023年1月11日

図9　地区防災計画学会の「地区防災計画チャンネル」

https://note.com/chikubousai/

https://www.facebook.com/gakkai.chiku.bousai

　地区防災計画学会では、Yahoo! 基金からの助成で、2020年度から地区防災計画モデル事業を実施しています。2020年度は9地区、2021年度は11地区、2022年度は13地区でモデル事業を実施しています。地区防災計画学会に所属する大学教員の支援によって、地区防災計画づくりを推進しています。地域コミュニティの住民や地方自治体の熱意によって進展に差はありますが、地区防災計画制度は着実に地域に浸透していると感じます。

　大きな災害が起こった時、公助のみでは的確に対応することはできません。自助と共助を公助と適切に組み合わせることが不可欠です。この自助、公助の実行のガイドとなるのは、地域コミュニティが素案を作成する地区防災計画です。今の時代はさまざまなデータ活用によって、災害リスクを認識することが容易になりました。しかし、それを咀嚼し自分事として捉えるためには、危機

171

感を共有する人と議論し、具体的な避難に関するタイムラインを描くことが不可欠です。災害による死者や重傷者を1人も出さない未来の創造に向けて、世の中が進歩することを期待したいと思います。

【参考文献】

・内閣府世論調査、防災に関する世論調査、平成25年12月調査
　https://survey.gov-online.go.jp/h25/h25-bousai/index.html
・令和3年版 国土交通白書
　https://www.mlit.go.jp/statistics/hakusyo.mlit.r3.html
・内閣府ホームページ、防災情報のページ、みんなでつくる地区防災計画
　https://www.bousai.go.jp/kyoiku/chikubousai/
・内閣府ホームページ、防災情報のページ、地区防災計画ライブラリ
　https://www.bousai.go.jp/kyoiku/chikubousai/chikubo/chikubo/index.html
・内閣府（防災担当）、地区防災計画ガイドライン～地域防災力の向上と地域コミュニティの活性化に向けて～、平成26年3月
　https://www.bousai.go.jp/kyoiku/pdf/guidline.pdf
・内閣府、啓発用パンフレット、みんなでつくる地区防災計画～「自助」「共助」による地域の防災～
　https://www.bousai.go.jp/kyoiku/chikubousai/pdf/pamphlet.pdf
・室﨑益輝・矢守克也・西澤雅道・金思穎（編）、「地区防災計画学の基礎と実践」、弘文堂、2022年
・内閣府（防災担当）、地区防災計画モデル事業報告―平成26～28年度の成果と課題―、平成29年3月
　https://www.bousai.go.jp/kyoiku/chikubousai/pdf/houkokusho.pdf
・東京都足立区ホームページ、足立区地域防災計画 足立区地区防災計画 震災対策編、千住大川町西町会、平成29年3月策定、令和2年3月修正
　https://www.city.adachi.tokyo.jp/documents/10042/ookawanishi.pdf
・東京都足立区ホームページ、足立区地域防災計画 足立区地区防災計画 水害対策編、小台町会、令和3年3月
　https://www.city.adachi.tokyo.jp/documents/10042/odai.pdf
・地区防災計画学会ホームページ
　https://gakkai.chiku-bousai.jp/index.html
・地区防災計画学会、地区防災計画チャンネル
　https://note.com/chikubousai/
・地区防災計画学会、Facebook
　https://www.facebook.com/gakkai.chiku.bousai

—おわりに

　さまざまな側面をもつ事象をデータ活用という観点から横断的に眺め、本を書きたいと思い始めたのは3年ほど前です。肝心の事象を決めきれないでいたところ、2021年の夏にオーム社の編集者・原正美さんから「災害×データ活用」で本を書きませんか、と話が舞い込みました。

　確かに、災害分野ではさまざまなデータ活用が進んでいます。また、何よりも災害には昔から縁があります。1984年の世田谷局ケーブル火災、1995年の阪神・淡路大震災、2011年の東日本大震災などに行政の立場からかかわりましたし、情報通信の観点からずっとフォローしていたからです。そして現在は、地区防災計画学会会員として、研究者の立場でかかわっています。

　考えてみると、インターネット上にハザードマップをはじめ、さまざまな情報が掲載されるようになり、それらを体系的にまとめる必要性が生じています。これを行うことで、データ活用という新しいツールの本質的な役割に関する理解が進み、世の中におけるデータリテラシーの向上に役立ちます。また、これからのデータ活用の方向性である、1人ひとりの要望に個別に応える情報提供を可能にする技術開発も着実に進んでいます。

　本の執筆に関しては、思った以上に苦労しました。書くべき項目が相当数ありますし、個々の項目についても奥が深いからです。盆、正月、ゴールデンウィークの休みはフルに、それからかなりの土日を使ったのですが、結局書き上げるまでに1年半以上かかってしまいました。

　また、気象庁の伊藤渉様をはじめとする皆さま、防災科学研究所の中村洋光様・大河内正敏様、足立区の菅野和幸様・藤井数馬様、応用地質（株）の松井恭様、（株）ハレックスの藤岡浩之様・佐藤淳一様、（株）リアルグローブの大畑貴弘様、（株）ドコモ・インサイトマーケティングの鈴木俊博様・加藤美奈様、地区防災計画学会の西澤雅道様など、多くの方にさまざまなことを教えていただきました。この場を借りて深く御礼を申し上げます。

2023年6月　稲田 修一

Inada Shuichi

九州大学大学院修士（情報工学専攻）、米国コロラド大院修士（経済学専攻）総務省近畿総合通信局長、大臣官房審議官などを歴任、モバイル、セキュリティ、情報流通などの政策立案や技術開発・標準化業務に従事。東京大学先端科学技術研究センター特任教授、IoT/データ活用によるビジネス革新や価値創造について研究。一般社団法人情報通信技術委員会事務局長、標準化のマネジメント業務に従事。2019年より早稲田大学研究戦略センター教授。そのほか現在、総務省「異能 vation」プログラム評価委員、地区防災計画学会最高顧問、スマート IoT 推進フォーラム IoT 価値創造推進チームリーダーなどを兼職。

データ活用で災害リスクを減らせ！

2023 年 7 月 24 日　　第 1 版第 1 刷発行

著　　者　稲　田　修　一
発 行 者　村　上　和　夫
発 行 所　株式会社 オーム社
　　　　　郵便番号　101-8460
　　　　　東京都千代田区神田錦町 3-1
　　　　　電話　03(3233)0641(代表)
　　　　　URL　https://www.ohmsha.co.jp/

© 稲田修一 2023

印刷・製本　精文堂印刷
ISBN978-4-274-23080-6　Printed in Japan

本書の感想募集　https://www.ohmsha.co.jp/kansou/

本書をお読みになった感想を上記サイトまでお寄せください。
お寄せいただいた方には、抽選でプレゼントを差し上げます。